微思考

如何不走弯路地快速进阶

THINKING

HOW QUICKLY ADVANCED WITHOUT DETOURS

金文 / 著

山東文藝出版社

图书在版编目（CIP）数据

微思考 / 金文著. -- 济南 : 山东文艺出版社, 2017.6

ISBN 978-7-5329-5488-9

Ⅰ. ①微… Ⅱ. ①金… Ⅲ. ①成功心理—通俗读物 Ⅳ. ①B848.4-49

中国版本图书馆CIP数据核字（2017）第091095号

微思考

金 文 著

主管部门 山东出版传媒股份有限公司
出版发行 山东文艺出版社
社 址 山东省济南市英雄山路189号
邮 编 250002
网 址 www.sdwypress.com

读者服务 0531—82098776（总编室）
0531—82098775（市场营销部）
电子邮箱 sdwy@sdpress.com.cn

印 刷 北京嘉业印刷厂
开 本 880毫米×1230毫米 1/32
印 张 7.5
字 数 200千
版 次 2017年6月第1版
印 次 2017年6月第1次印刷
书 号 ISBN 978-7-5329-5488-9
定 价 36.00元

目录

Contents

平庸的秘密：为什么有的人始终不能成功

Chapter 1

都在低头蛮干，你要抬头看看时机

有位记者曾同老演员查尔斯·科伯恩进行过一次交谈。记者问的是一个很普通的问题：一个人要想做成大事，需要的是什么？智力，精力，还是教育？

查尔斯·科伯恩摇摇头："这些东西都可以帮助你成大事。但是我觉得有一件事更为重要，那就是——看准时机。"

"这个时机，"他接着说，"就是行动或者按兵不动、说话或是缄默不语的时机。在舞台上，每个演员都知道，把握时间是最重要的因素。我相信在生活中它也是关键。如果你掌握了审时度势的艺术，在你的婚姻、你的工作以及你与他人的关系上，就不必去追求幸福和成大事，它们会自动找上门来的！"

这位老演员是正确的。俗语云：英雄顺时而动。只有在恰当的时间，做恰当的事情，才有成功的可能。那些反复遭受挫折的人经常会对不怀好意的世界感到失望，他们几乎永远意识不到：他们一而再、再而三的努力换不回成功的原因，就是没选择好时机。

看准时机，简单的四个字，要做到需要掌握以下两点。

第一，你要学会在时机来临的时候识别它。在这个互相竞争的社会里，陷阱有时会伪装成机会，真正的机会也会伪装成陷阱。是不是机会，这需要你去判断。

一位富翁在非洲狩猎，经过三个昼夜的周旋，一匹狼成了他的猎物。狩猎时，这匹狼被他追到一个近似于“丁”字的岔道上。正前方是迎面包抄过来的向导，他也端着一把枪，狼被夹在中间。

在这种情况下，狼本来可以选择从岔道逃掉，可是它并没有那么做，反而迎着向导的枪口扑过去，准备夺路而逃。狼在夺路时被捕获，它的臀部中了弹。

当时那位富翁对狼的行为很不理解：狼为什么不选择岔道？难道那条岔道比向导的枪口更危险吗？面对富翁的迷惑，向导说：“埃托沙的狼是一种很聪明的动物。它们知道只要夺路成功，就有生的希望，而选择没有猎枪的岔道，必定死路一条。因为那条看似平坦的路上必有陷阱，这是它们在长期与猎人的周旋中悟出来的道理。”

的确，时机是一个不可捉摸的家伙。时机来的时候并不会大声地告诉你，而且它还会以各种不同的面貌出现，这就需要你去把握、判断。

许多人都以为能够判断时机是一种天分，就像具有音乐细胞的耳朵一样，但实际情况并非如此。通过观察那些似乎有幸具备这种天分的人，你会发现这是一种任何人只要努力、只要时时留心就能获得的技能。

要获得这种技能，你必须加强自己的预见能力。未来并不是一本合上的书。大多数将要发生的事都是由正在发生的事所决定的。你可以根据现在的情况去判断事情的发展。此外，你还要学会做一个局外人，以一个局外人的身份去了解其他人是怎样看问题的，学会从不同的角度去看待周围发生的事情。

第二，在看到时机后，你要在合适的时间采取行动，不能太早，也不能太晚。早了，时机不成熟；晚了，机会已经溜走。你必须学会根据不同时机来做出巧妙的安排，争取做出明智之举。《旧约全书》也说："凡事都有定期，天下万务都有定时。"

已故的新奥尔良市的约翰·迪勃特夫人是一位大慈善家。一个隆冬的晚上，她在翻阅一本杂志时被一幅漫画吸引住了。那是两位衣衫不整的老妇人在微弱的火堆旁瑟瑟发抖。"你在想什么？"其中一个问道。另一个回答："我在想，明年夏天那些阔太太们会把一些保暖的衣服给我们的。"

迪勃特夫人盯着这张漫画看了好一会儿，最后，她爬上顶楼，打开衣箱，把厚实的衣物打了好几捆，准备来日就去分发。

保暖的衣服在寒冷的冬天送出才最能体现出其价值，慈善活动在援助那些遇到燃眉之急的人们时才最有意义。所以说在合适的时间采取行动是非常重要的。

别把机遇当垃圾，习惯性扔掉

点金石是一块小小的石子，它能将任何普通金属变成纯金。据说，点金石就在黑海的海滩上。它和成千上万的与其看起来一模一样的小石子混在一起。

关于点金石有一个秘密：真正的点金石摸上去很温暖，而普通的石子摸上去是冰凉的。有一个人不知道从哪里得知了这个秘密，于是他购买了一些简单的设备，在海边扎起帐篷，开始一个一个检验那些石子。

海滩上布满了各种各样的石子，如果他捡起一块冰冷的石子后将它就地扔下，就难免会重复拾起这块石头。这会让他做许多徒劳无益的工作。对此，他十分清楚，所以，一旦捡到的石子摸起来冰凉的话，他就把它扔进大海里。

捡石头，扔石头，就这样重复干了一整天，他也没有摸到那块温暖的石头。但是，他并不气馁，接着干了一个星期、一个月、一年、三年，但是他还是没有找到点金石。点金石就像一颗希望之星，激发了他无限的热情，使他一直坚持下去。

有一天上午，他捡起了一块石子，而且这块石子是温暖的……

他随手就把它扔进了海里——他已经形成了一种习惯，把捡到的所有石子都扔进海里。他已经如此习惯于做扔石子的动作，以至于当他真正想要的那一块石子到来时，他还是将其扔进了海里！

虽然上面的故事只是一个传说，但习惯确实会成为阻碍成功的障碍，让你扔掉握在手里的机会。那些死守习惯、不愿脱离已有轨迹的人永远都是狭隘的，不会有所突破，有的甚至会走入困境，没有出路，就像下面故事中那个习惯旧环境、不愿换地方的小青蛙一样。

在一个小水沟里生活着两只小青蛙。其中一只小青蛙厌倦了常年生活的小水沟，水沟的水越来越少，已经没有什么食物了。于是它每天不停地蹦，想要逃离这个地方。而它的同伴则整日懒洋洋地蹲在浑浊的水洼里，说："现在不是还饿不死吗？你着什么急？"

终于有一天，小青蛙纵身一跃，跳进了旁边的大河塘，里面有很多好吃的，还可以自由游弋。

小青蛙呱呱地呼唤自己的伙伴："你快过来吧，这边简直是天堂！"但是它的同伴说："我在这里已经习惯了，我从小就生活在这里，懒得动了！"不久，水沟里的水干了，那只习惯旧环境、懒得动的小青蛙就被活活饿死了。

每个人都渴望成功，都不希望自己的人生最后变得和那饿死的小青蛙一样悲惨。但是，有不少人虽然一方面抱怨人生的路越走越窄，看不到成功的希望，另一方面却又因循守旧、不思改变，习惯在老路上继续走下去。在这日新月异的社会中，我们只有不断顺应时势，改变自己的旧观念、旧习惯，才能为自己开辟出一片新天地。

你那么努力，奈何成就不了伟业

在南美洲的亚马孙河边，有一群羚羊在悠然地吃着青草。一只猎豹隐藏在远处的草丛中，竖起耳朵四面观察。它觉察到了羚羊群的存在，于是悄悄地、慢慢地接近羊群。越来越近了，突然羚羊有所察觉，开始四散逃跑。猎豹像百米运动员那样瞬时爆发，像箭一般地冲向羚羊群。它的眼睛盯着一只未成年的羚羊，一直向它追去。

羚羊跑得飞快，但豹子跑得更快。在追与逃的过程中，猎豹超过了一只又一只站在旁边观望的羚羊。它没有掉头改追这些更近的猎物，而是一个劲地朝着那只未成年的羚羊疯狂地追去。那只羚羊已经跑累了，豹子也累了，在这场较量中，最后只能比速度和耐力。终于，猎豹的前爪搭上了羚羊的屁股，羚羊倒下了，豹子朝着羚羊的脖子狠狠地咬了下去。

可以说，一切食肉动物在选择追击目标时，总是选择那些老弱病残的，而且一旦选定目标，一般不会轻易放弃。因为中途转向其他目标会使精力有所损耗，从而使其他的目标更难达到，最后的结果也必定是一无所获。

人类在追逐目标的过程中，需要借鉴动物的这种智慧。既然选择了一个目标，就不要让这个目标轻易地失去。一旦你调整、确定了方向，就应该专注于一件事情。因为一个人的精力是有限的，真正的赢家会把精、气、神集中于一击。

有人问爱迪生："成功的第一要素是什么？"爱迪生回答说："能够将你身体与心智的能量锲而不舍地运用在同一个问题上而不会厌倦的能力……你整天都在做事，不是吗？唯一的问题是，他们做很多事，而我只做一件。"

如果一个人过于努力想把所有事情都做好，那他最终只会一事无成。要在有限的生命里完成一流的事业，就必须有所选择，有所坚持，有所放弃，集中全部精力专注地去做一件事。

订书针是我们工作中常用的办公用具，然而，你有没有想过，上百张纸摞在一起，连非常锋利的刀也不容易一次性穿过，为什么那短短细细、看起来一点也不坚硬的订书针，居然能够一下子穿透？真正的原因，是由于订书针把所有的力量都集中在了两个点上，集中用力。

有很多看起来很聪明的人忙忙碌碌，能够同时做很多事情。他们给人的感觉是非常能干、能力很强。可是往往到最后，这些人并不能真正做成什么事。反而，这世上有许多人，看起来很一般，也没什么特别出众的才能，却能成就伟大的事业。这都是因为他们能像订书针一样，认清目标，集中全力，不彷徨，不迟疑，奋斗到底。

一个人围着一件事转，最后全世界可能会围着他转；一个人围着全世界转，最后全世界可能会抛弃他。浅尝辄止、见异思迁是摘不到成功果实的。当你选择好属于自己的“一件事”时，就应该全身心地投入那“一件事”上，不轻易放弃，也不轻易改变目标。只有这样，你才能有所收获。

拿掉盖子之后

我们时常会听到这样的感叹：“这件事太难了！估计我办不到、做不好！”实际上有些事并没有人们想象中的那么难，只是很多人在经历了几次挫折后，对自己失去了信心，不能突破心理高度的限制。他们自己给自己设置了一个心理高度。

为了研究心理高度的限制问题，生物学家做过一个有趣的实验：

他们往一个玻璃杯里放进一些跳蚤，跳蚤轻而易举地跳了出来。重复几遍，结果都是一样。根据测试，跳蚤跳的高度均在其身高的 100 倍以上。跳蚤称得上是动物界的跳高冠军了。

接下来，实验者把这些跳蚤再次放进杯子里，同时在杯口加上一个玻璃罩。嘣的一声，跳蚤重重地撞在玻璃罩上。跳蚤十分困惑，但是它们不会停下来，因为跳蚤的生活方式就是不停地跳。一次次地被撞，跳蚤开始变得聪明起来，它们开始根据玻璃罩的高度来调整自己跳的高度。一段时间以后，这些跳蚤再也没有撞击到这个玻璃罩，而是在罩下自由地跳动。

几天后，实验者悄悄地拿掉了玻璃罩。跳蚤不知道玻璃罩已经去掉了，还是按原来的高度继续跳跃。一周后，那些可怜的跳蚤还在这个玻璃杯里不停地跳动——它们已经无法跳出这个玻璃杯了。

后来，生物学家在玻璃杯下放了一个点燃的酒精灯。不到五分钟，玻璃杯烧热了，所有的跳蚤发挥求生的本能，再也不管头是否会被撞痛（因为它们都以为还有玻璃罩），全部跳出了玻璃杯。

现实生活中，有许多人也在过着这样的跳蚤人生。年轻时意气风发，屡屡尝试成功，但是之后往往事与愿违，屡屡失败。几次失败以后，他们便失去信心，开始怀疑自己的能力，或者抱怨这个世界不公平。过去的失败被牢牢地刻在他们的记忆中。他们不再竭尽全力去追求成功，而是一再降低成功的标准，即使原有的一切限制早已取消。他们看不到形势的变化，以为过去办不到的事情，今天同样也办不到。就像那玻璃杯中的跳蚤，盖子虽然已经取掉了，但他们被撞怕了，或者已经习惯了，再也不敢努力向前。

另外，一个人在遭遇失败或挫折后，还会产生绝望、抑郁、意志消沉的情绪，从而错失下一次机会。这样，他们就永远生活在失败的阴影中，找不到成功的道路。

其实，跳蚤并没有失去跳跃的能力，而是在一次次受挫后学乖了，习惯了，麻木了。人们也一样，在屡次失败后不敢再放手一搏，认为自己不可能成功。社会学家把这种失败暗示的心理现象称为“自我设限”。

“自我设限”是很多人无法取得成功的根本原因之一。他们不敢追求成功，并不是追求不到成功，而是因为他们的心里面已经默认了一个“高度”。这个“高度”常常使他们暗示自己：这件事是没有办法做到的。

其实成功并没有想象中的那么难，“高度”并非无法超越，只是我们无法超越自己的思想限制。许多障碍刚开始在我们眼里是那么沉重和无奈，等到我们鼓足勇气克服掉以后，才发现它们不过是一层窗户纸而已，并没有想象中的那么难以跨越。

所以，你需要的只是调整心态，走出失败暗示的心理阴影。在没有结果前，不要轻易放弃任何一个机会，不要自己给自己设下成功的障碍。

最大的风险就是不冒任何风险

一次，有人问一个农夫："你种麦子了吗？"

农夫回答："没有，我担心天不下雨。"

那个人又问："那你种棉花了吗？"

农夫说："没有，我担心虫子吃了棉花。"

于是那个人又问："那你种了什么？"

农夫说："什么也没种。我要确保安全。"

农夫确实是安全的，他不必担心麦子因为缺水而旱死，也不必担心棉花被虫子吃成"光杆司令"。但是，作为一个农夫，收获不了金黄的麦粒、雪白的棉花，那将是他最大的风险。

一个人要想不冒任何风险，只有什么也不做，就像那个农夫一样。可是这样的话，到头来他也就什么也没有，什么也不是。他们在逃避受苦和悲伤的同时，也拒绝了正常而健康的成长、生活和学习，其实这反而是最大的风险。因为有许多事人们是无法逃避的。如果你什么也没经历过，什么也不会，那只要一点小小的风险，就会让你手足无措。

那些害怕风险的人就像在遇到危险的时候把头藏在沙土中的鸵鸟一样，只不过是在掩耳盗铃罢了。风险无处不在、无时不有，并不会因为你的躲避而消失，反而会让你感到越来越棘手。

其实，困难和风险也是欺软怕硬的，你强它们就弱，你弱它们就强。你要时刻记得，最困苦的时候，没有时间去流泪；最危急的时候，没有时间去犹豫。害怕承担风险就是坐以待毙！只有乐于迎接挑战的人才有获得成功的希望，就像俗谚所说：“风险越大，荣耀越多。”

那些你想象中的椅子

小时候我们或许都有过这样的经历：拿樟脑球和那些忙忙碌碌的小蚂蚁“开玩笑”。用樟脑球在小蚂蚁前进的路上轻轻地画一道线，它会惊慌失措地立即掉头而去；赶到它前面再设置一道同样的樟脑球防线，它还是马上望风而逃。

等小蚂蚁跑累了，用樟脑球在它周围画个圆圈，它就只在那个小圆圈里转来转去。将包围圈缩小，蚂蚁也不敢冲出那道樟脑球防线。只有等到左冲右突几下后发现无路可走，不得不奋力突围时，它才会迫不得已挺身一试。

这时，它不再顾及那种奇怪的气味，努力向前，果然能够出去，而且对自己也没有任何的伤害！早知道这样，为什么要在那个小圆圈里徘徊那么长时间呢！但是蚂蚁好像没有什么记性，刚刚冲出包围圈，再将它们用新的樟脑球圆圈包围起来，它们还会和刚开始一样，在圆圈里徘徊。

我们都知道，樟脑球本身并不能对蚂蚁造成实质性的伤害和阻挡。蚂蚁甚至可以唱着歌儿大摇大摆地走过去。但蚂蚁却被那种气味吓住了。非得等到迫不得已的时候，它才肯挺身一试，结果发现那所谓的障碍不过是一层一捅就破的薄薄的窗户纸而已。

人生又何尝不是如此！许多障碍刚开始在我们眼里都是那么沉重而无奈，等到我们鼓足勇气克服掉以后，才发现它不过是蚂蚁面前的那道樟脑球防线而已，并没有想象中的那么难。我们只是被自己思维上的误区、盲点限制住了，不敢轻易去尝试。

在罗伯特·哈德还是一个童子军成员的时候，他和他的伙伴们经常玩一种游戏：在有新成员加入童子军的时候，把椅子排成一圈，形成 道障碍，然后蒙上新成员的眼睛，让他走过这条通道。队长会在游戏开始前给他一两分钟的时间叫他尽可能地记住所有椅子的位置，但是，一旦新成员被蒙上眼睛之后，他们就会立即悄悄地移开所有的椅子。然而新成员不知道椅子移走了，还在犹犹豫豫不敢往前走。

人生就如同这个游戏，那些我们在一生中竭尽全力企图避开的事物，或许只存在于我们自己的头脑之中，甚至有些只是我们自己想象虚构的产物。就像我们不敢去学拉小提琴，不敢去学习外语，等等。我们总是把那些事想得很难。其实，那往往是我们自己想象出来的障碍。正是这种无中生有的障碍使我们裹足不前，不敢去尝试新的事物，自然错失许多机会。所以，除非你真的已经撞上了椅子，不然就不要避开那些只存在于你的想象中的椅子。哪怕你真的撞上了椅子，那也没有多大关系，至少，你有个地方可以让自己坐下来了。

既然阻碍我们去发现、去创造的，仅仅是我们心理上的障碍和思想中的顽石，那么，我们要试着冲破自己思维上的局限，告诉自己：在尝试前，不要轻易否定任何一条路，不要轻易放弃任何一个机会。因为，每一条路上都有成功的机会，关键在于你敢不敢去尝试。

搞不清这件事，很难立足职场

从前，在一片大森林里生活着各种各样的鸟儿。这群鸟在森林里生活得久了，不免产生了一些纷争，它们急需一个优秀的领导者。经过一番商议，它们决定推选一位勇敢而优秀的国王来领导大家。

大家正在为谁最优秀、最勇敢而议论纷纷时，一心想做国王的孔雀先开口了："各位，大家就选我做国王吧！我的羽毛是最美的！"

说着，孔雀就把它那美丽的尾巴展开了。

鹦鹉首先附和说："有这么漂亮的鸟做我们的国王，是一件值得骄傲的事。我们就选孔雀做我们的国王吧！"

这时，麻雀在一旁开口了："不错，孔雀是最美丽的。但是，我们身体这么弱小，当有外敌入侵时，它有能力保护我们吗？与其选一个美丽的国王，倒不如选择一个在危险的时候能够挺身而出救我们的国王！"

众鸟听了麻雀的话，都点头赞成。最后，大家经过投票，选举了强悍凶猛的老鹰为百鸟之王。

学历就像那美丽的孔雀羽毛，给你闪烁的光环，但它不等同于实力。虽然学历是敲门砖，可以让你更容易打开成功之门，但是，如果你像那孔雀一样，只拥有可以用来炫耀的学历，却没有真正的实力，那是根本行不通的。

在当今这个社会，有实力才是最重要的。在获取成功的道路上，有无数的坎坷和障碍需要我们去跨越、去征服，只有真才实学才能让我们有能力去解决问题、克服障碍。只有使自己变强，才是解决问题的根本。

一位搏击高手参加锦标赛，自以为稳操胜券，一定可以夺得冠军。出乎意料的是，在最后的决赛中，他遇到了一个实力相当的对手，双方竭尽全力出招攻击。双方对打的时候，搏击高手发现自己竟然找不到对方招式中的破绽，而对方的攻击往往能够突破自己的防守。

比赛结果可想而知，搏击高手惨败，失去了冠军的奖杯。

他愤愤不平地找到了自己的师傅，一招一式地将对方和他搏击的过程演练给师傅看，并请求师傅帮他找出对方招式中的破绽。他决定根据这些破绽，苦练出足以攻克对方的新招，以便在下次比赛时打倒对方，夺回冠军的奖杯。

师傅笑而不语，在地上画了一条线，要他在不能擦掉这条线的前提下，设法让这条线变短。

搏击高手百思不得其解，怎么会有师傅所说的办法？最后，他无可奈何地放弃了思考，向师傅请教。

师傅在原先那道线的旁边，又画了一道更长的线。两者相比较，原来的那道线看起来变短了许多。

师傅开口道："夺得冠军的关键，不是如何攻击对方的弱点。正如地上的长短线一样，只有你自己变得更强，对方才会如原先的那条线一样，在相比之下变得较短了。如何使自己变得更强，才是你需要苦练的根本。"

在人生这条因人而异的道路上，实力才是你一生的资本。因此，你要不断地增强自己的实力，使自己变得更有能力、更强大。这样，你才能在人生道路上越走越精彩。

给瑞典国王建一座凯旋门

这个世界上，每个人都被机会包围着，但是，机会只有在被寻找的时候才会被看见。如果你只是被动地等待机会的到来，那只会错失良机。

你可能会说，我要到哪里去寻找机会呢？其实，生活中时时处处都有机会的存在，就看你有没有去寻找，比如电话。很多时候，一个电话就会给你的事业带来转机，替你解开面临的难题，给你带来意想不到的收获。所以，如果电话老是不响，你应该主动打出去。你要明白机会只对主动寻找它的人显示，需要你去主动争取。

19世纪时有一个瑞典青年，家境很不好，穷困得连肚子都填不饱，更别提入学受教育。青年虽然在这种环境之下成长，但是丝毫不气馁，一有多余的时间就自修，学习了许多关于建筑和化工方面的知识。

青年凭着所学的知识进入建筑公司，从小助理做起。因为表现出色，他先后协助一些名建筑师工作。在这段时间里，他积累了许多宝贵的经验和知识，再加上潜在的天分，逐渐在建筑界小有名气，为许多人所肯定。但是，由于他没有好的学历和出身背景，始终没有办法成为地位崇高的名建筑师。青年为此十分苦恼。

有一天，他在街上远远地见到一群侍卫簇拥着瑞典国王查理四世出访。他情不自禁地想："如果我有查理国王这等际遇就好了。"查理四世原来是个法国人，曾是拿破仑身边的元帅。由于老瑞典国王十分赏识他的卓越才能，因此在临终时收他为义子，要他统治瑞典。查理四世没有辜负老国王的厚望，将瑞典治理得井井有条。

国王高高在上，要怎么样才能引起他的注意呢？

"如果我能建造一座很特殊的建筑物来吸引国王，那就好了！"青年的眼睛一亮，"对呀！国王原本是法国人，那么如果我在瑞典建造一座类似法国凯旋门的建筑物，一定能引起他的注意。"

有了这个想法后，青年便四处奔走，最后争取到几位过去有生意往来的企业家的支持。不久之后，他就在一座瑞典小城内盖起了一座颇具法国凯旋门神韵的建筑物。

当国王经过小城，看到这个建筑物时，惊讶得说不出话来，睹物思情，缅怀过往，感慨万千。事后国王特别召见青年，夸赞他的建筑技术。

受到国王赞赏的青年由此声名大噪，各种媒体争相报道他和他的建筑作品。从此，这位青年一跃成为瑞典建筑界大师。

不去努力、坐在那里待价而沽的人只会抱怨：“我不是一个幸运的人，没有好运气。”而在待价而沽的人抱怨的同时，主动的人可能早已打开机会的大门，走上成功的道路。因为他们明白机会不会自己送上门来。在人生的道路上，如果你凡事不主动，只知道被动地等待，就会像下文的A一样，很难走出人生的低谷。

A和B沿着森林的小径前行，天色越来越暗，他们几乎看不清楚道路。突然间，他们掉进了被灌木丛和树叶覆盖的大坑洞中。如果没有外力的帮助，他们很难靠自己的力量爬出去，两人感到十分烦恼。

A坐下来后，便把脸埋在手心里，什么事也不做，而B却立即开始寻找脱困的方法。他在黑暗中不停地摸索，终于触摸到一根长树根。借助树根，他很快就爬出了坑洞，并帮助还在抱怨的A爬了出来。

主动性是决定一个人成功与否的关键。你应该努力成为主动寻求机会的人，而不是将你的勇气、智力或力气浪费在等待和抱怨上。主动性能帮助你变得更有自信，也能为你赢得其他人的欣赏和尊敬。另外，积极、目标明确的态度也能为你赢得更多的机会。

花一分钟试一试，可能会少走一大圈路

1968年，在墨西哥城奥运会的百米赛道上，英国选手吉·海因斯撞线后，转过身去看运动场上的记分牌。当指示灯打出9.95的字样后，海因斯摊开双手自言自语地说了一句话。这一镜头后来通过电视网络至少被几亿人看到，由于当时他身边没有话筒，谁都不知道他到底说了什么。

1984年，洛杉矶奥运会前夕，一位叫戴维·帕尔的记者在办公室回放奥运会的资料片。当再次看到海因斯自言自语的镜头时，他想，这是历史上第一次有人在百米赛上突破10秒大关。海因斯在看到记录的那一瞬，一定替上帝向人类传达了一句不同凡响的话。这一新闻点，竟被四百多名记者给漏掉了（在墨西哥城奥运会上，到会记者431名），这实在是太遗憾了。于是他决定去采访海因斯，问他当时到底嘀咕了句什么话。

凭着做体育记者的优势，他很快找到了海因斯。当他提起16年前的事时，海因斯一头雾水，甚至否认当时说过话。戴维·帕尔说："你确实说话了，有录像带为证。"海因斯打开帕尔带去的录像带，笑了："难道你没听见吗？我说：'上帝啊，那扇门

原来虚掩着！’”

谜底揭开之后，戴维·帕尔接着对海因斯进行了采访。针对那句话，海因斯说：“自欧文斯创造了10.3秒的成绩之后，医学界断言，人类的肌肉纤维所承载的运动极限不会超过每秒10米。看到自己9.95秒的纪录之后，我惊呆了。原来10秒这扇门不是紧锁着的，它只是虚掩着，就像终点那根横着的绳子。”

海因斯的话给世人留下了启迪，不是吗？在这个世界上，只要你去做，就会发现机会的大门原来只是虚掩着的。只要你真实地付出，就能获得成功。如果你连试都不去试的话，怎么能奢望机会的到来。

从前，有个国王想从几个出众的儿子中挑选一个继承王位。他暗中嘱咐一位大臣亲自带兵到城外，在通往关隘的官道上设了特殊的路障。然后老国王逐个把几个最有希望的儿子叫到跟前，交代他们火速出城到关隘去送一封急信。

几天后，王子们都高高兴兴地回来了。国王便问他们走的是哪条道，怎么走的。有的王子说见官道被巨大的岩石堵塞了，便绕小道跑到关隘去送了信；有的说自己如何奋勇地从巨大的岩石上爬了过去；只有最后出发的小王子说他轻轻松松地就从官道上走了过去。老国王问小王子：“难道没有岩石挡住你的去路？”

小王子说：“有啊！但我用力一推，它就翻滚到旁边的深崖下了。”

“那么大的岩石，你怎么会想到用手去推它呢？”

“我只不过试一试罢了。”

后来，这个小王子继承了王位。

人生中，机会之门就像官道上那块挡路的大石头，初看仿佛此路不通，其实只要你轻轻一推，机会之门就会对你打开。可惜，无数的人在虚掩的机会之门面前，都没有伸出手去试一试，最终错过机会走上了平庸之路。

思维里的墙：被堵住的不是出路，是思路

Chapter 2

打开思路，才能撬动更大可能
善于联想，以“活”取胜
苹果里有一颗星星，但大多数人都不知道
准备颠覆你的思维吧！
如何拆掉趋合心理这堵墙
如何从损失之痛中抽身
不是方法的方法，有奇效
保持清醒，趋利避害
后发制人，更以实力制人
答案往往不止一个

打开思路，才能撬动更大可能

前些天在网上看到一个“脑洞大开”的帖子：

我准备把北京或上海的房子卖掉，去非洲买一个荒芜的小岛，马上宣布独立建国（至于是共和国、王国什么的就不重要了），紧接着同中国建交，声明只承认一个中国，台湾是中国不可分割的一部分！

这样一来，生活就豁然开朗了：

不用蜗居了——可以在北京建大使馆！

不用摇号了——而且可以申请外交牌照！

不怕堵车了——出门警卫森严、交通管制！

……

额滴神！思路一变天地宽啊！

事不宜迟，现在就启动项目，卖屋买岛建国去！

虽然帖子中所提想法的可行性有待考虑，但是这种突破常规的思维方式非常值得学习。

大多数人在思考问题的时候，往往习惯遵循已有的思路，却不知这样只会限制了思维的宽度，导致解决问题的方法变少，有的时候甚至会令你束手无策。在遇到坎或者找不到解决办法的时候，你不妨跳出以往的束缚，从另一个角度去思考，这样也许就会“柳暗花明又一村”。换个思路，也许就有了出路。

美国有一间生产牙膏的公司，其产品优良、包装精美，深受广大消费者的喜爱。公司每年营业额蒸蒸日上。不过，公司业绩在第十一年、第十二年及第十三年呈现出停滞状态，每个月都只是维持同样的销售数字。

董事会对此三年的业绩表现感到不满，便召开全国经理级高层会议，以商讨对策。会议中，有位年轻经理站起来，对董事会说：“我有个建议，但如果您采用了我的建议，必须另付我5万元！”

总裁听了很生气地说：“我每个月都支付你薪水，另有分红、奖励。现在叫你来开会讨论，你还要另外要求5万元，是否过分？”

“总裁先生，请别误会。若我的建议行不通，您可以将它丢弃，一分钱也不必付。”年轻的经理解释说。

“好！那你的建议是什么？”总裁不屑地问。“将现有的牙膏开口扩大1mm。”总裁听后，大为震惊，立马签了一张5万元支票给那年轻经理。

试想，每天早上，每个消费者多用一点牙膏，每天牙膏的消费量将多出多少倍呢？这个决定，使该公司当年的营业额增加了32%。

一个小小的改变，往往会引起意想不到的效果。

当我们面对新知识、新事物或新创意时，千万别将脑袋密封，因为一个新的想法也许能让我们获得不少启示，从而提升业绩、改善生活。要知道思路决定出路，创新推动发展。在逆境和困境中，有思路就有出路；在顺境和坦途中，有思路才有更大的发展。

善于联想，以“活”取胜

听说过商场上流行的风和木桶定律吗？风和木桶虽然看起来毫无关系，但通过下面的推理，却可以建立联系。

1. 风吹云卷，尘土飞扬。

2. 得眼病的人增多，盲人也随之增多。

3. 盲人增多，则弹三弦琴的人也会增多（古代许多盲人以弹三弦琴谋生）。

4. 三弦琴很畅销，必须有充足的猫皮供应。

5. 猫的数量因而锐减。

6. 猫一减少，老鼠便增加。

7. 老鼠一多，便会咬坏洗澡的木桶，必须找师傅补。

8. 修补桶的师傅因不断上门的生意而赚大钱。

上述风和木桶的推理虽然有些夸张，但它的核心内容值得称赞：运用发散思维，寻找新的商机，以“活”制胜。

假如你是卖豆子的商贩，豆子卖得动，直接赚钱当然最好。如果豆子滞销的话怎么办？首先，可以考虑将豆子沤成豆瓣卖；

假如豆瓣也卖不动，那就将豆瓣腌成豆豉；如果豆豉还是卖不动，就将豆豉加水发酵，制作成豆酱油，从而改卖豆酱油。或者，将豆子磨成豆腐卖；如果豆腐不小心做硬了，改卖豆腐干；如果豆腐不小心做稀了，改卖豆腐花；如果实在太稀了，就改卖豆浆；豆腐如果卖不动，搁点调料，放上几天，做成臭豆腐卖；如果还卖不动，让它彻底腐烂后，改卖豆腐乳。或者，可以让豆子发芽，改卖豆芽；如果豆芽卖不动，让它再长大点儿，改卖豆苗；如果豆苗还是卖不动，干脆再让它长大些，当作盆栽卖——可以给它起一个很时尚的名字：豆蔻年华。

简单的点子，居然可以折腾出这么多销售方式，这就是发散思维的奇效。如果想成功，必须运用发散思维不断地变换解决问题的角度，思考解决问题的最新方法。针对同一个问题，沿着不同的方向去思考。在思考中，不墨守成规，不拘泥于传统，不受已有知识的束缚，没有固定范围的局限，这样才能探求出不同寻常的解决方法。

然而，发散思维并非天生，它来源于平日对事物的观察、对信息的留心。发散思维训练要注意提高思维的流畅力、变通力、灵活性。思维的流畅力是指一定时间内产生观念的多少。一个人对某一问题产生反应性的概念和构想很多，说明其思维具有流畅力。思维的变通力是指产生观念的不同类别属性的多少。类别越多，变通力就越强。

苹果里有一颗星星，但大多数人都不知道

如果你能换一个角度、换一种思维来看的话，很多事情会有完全不同的结果。正所谓“塞翁失马焉知非福”，一个人的错误，可能会成为另一个人的新发现。

孩子回到家里，向父母讲述幼儿园里发生的故事：“爸爸，你知道吗，苹果里有一颗星星！”

“是吗？”父亲轻描淡写地回答道，他想这不过是孩子的想象，或者老师又讲什么童话故事了。

“你是不是不相信？”孩子打开抽屉，拿出一把小刀，又从冰箱里取出一只苹果，说道，“爸爸，我要让您看看。”

“我知道苹果里面是什么。”父亲说。

“来，还是让我切给您看看吧。”孩子边说边切苹果。

切错了！我们都知道，正确的切法应该是从苹果的顶端切到底部。而孩子却是把苹果横放着，拦腰切下去。然后，他把切好的苹果放到父亲面前：“爸爸看啊，里头有颗星星呢。”真的，从横切面看，苹果核果然显现出一个清晰的五角星状图案。

许多人一生不知吃过多少苹果，总是规规矩矩地按“正确”的切法把它们一切两半，却从未想到苹果里居然还藏着一颗星星。

不论是谁，第一次切错苹果，大约都是出于好奇，或是疏忽所致，但并不是所有人都能从切错的苹果中发现那颗星星。所以说，同样一件事，好与坏，关键在于你自己从哪个角度看。成功的人，在失败中看到机会；而失败的人，则是在成功将要来临时就停下了脚步。

发明家爱迪生想从植物体中找出天然橡胶的新原料。他为此做了无数次的实验。第五万次实验又一次失败后，他的助手泄气地对他说：“爱迪生先生，我们已经做了五万次实验了，都没有结果。”

“有结果！”爱迪生热切地叫出声来，“我们有了不起的结果呀，我们现在已经知道有五万种东西是不行的！”

有人看到难题，有人却看到机会。两个人同时向窗外望去，一个看到的是地上的污泥，另一个看到的是天上的星星。谁能获得成功的青睐，谁又会把人生的路越走越窄，那是毫无疑问的。要知道，“危机”包括了“危险”和“机遇”，只是我们习惯性地只看到“危险”而看不到“机遇”。

当你下次遇到难题时，先试试换个角度去思考，用心捕捉危机中的转机，那你就会走向一个新的开始，走向更美好的明天。

准备颠覆你的思维吧！

有人说："懒是人类之光。"乍一听，这观点很荒谬，然而细想起来，其内涵很有意思。

阿里巴巴的总裁马云有一句名言是："要相信客户都是懒人。"他说："世界上很多非常聪明并受过高等教育的人无法成功，就是因为他们从小就受到了错误的教育，养成了勤劳的恶习。很多人都记得爱迪生说的那句话'天才就是99%的汗水加上1%的灵感'，并且被这句话误导了一生，勤勤恳恳地奋斗，最终却碌碌无为。其实，爱迪生是因为懒得想他成功的真正原因，所以就编了这句话来误导我们。

"世界上最富有的人是比尔·盖茨，他懒得读书，就退学了。他又懒得记那些复杂的DOS命令，所以就编了个图形的界面程序。于是，全世界的电脑都长着相同的脸，而他也成了世界首富。

"世界上最值钱的品牌——可口可乐，它的老板更懒。尽管中国的茶文化历史悠久，巴西的咖啡香味浓郁，但他实在太懒了：弄点糖精加上凉水，装瓶就卖。于是，全世界有人的地方，大家都在喝那种像血一样的液体。

“还有更聪明的懒人：懒得爬楼，于是他们发明了电梯；懒得走路，于是他们制造出汽车、火车和飞机；懒得出去听音乐会，于是他们发明了唱片、磁带和CD。这样的例子太多了，我都懒得再说了。如果没有这些懒人，我们现在生活在什么样的环境里，我都懒得想！

“以上所举的例子，只是想说明一个问题，这个世界实际上是靠懒人来支撑的。世界如此精彩都是拜懒人所赐。现在，你应该知道你不成功的主要原因了吧？

“懒不是傻懒，如果你想少干，就要想出懒的方法，要懒出风格，懒出境界。像我从小就懒，连肉都懒得长，这就是境界。”

马云提出“懒人理论”，目的是告诉员工在工作的时候需要改变方法。阿里巴巴的理念是“要相信客户都是懒人”，所以需要处处为客户着想。客户懒得做什么，阿里巴巴就需要做什么，让客户成为自己的“提款机”。

可以说，马云的“懒人理论”颠覆了我们以往的思维。他要求阿里巴巴以客户的要求为导向，不能把网络做得太复杂，要通俗易懂、方便操作，最好是让菜鸟都能玩转阿里巴巴，这是马云希望看到的。

在现代社会，人越来越懒，做任何事情都恨不得别人替自己准备得妥妥当当。比如，不愿意动手，天天订快餐吃；不愿意走路，恨不得将汽车开进卧室；不愿意动脑，大部分的著作缩成千字文才肯一读，还说这是“快餐文化”；就连谈恋爱，也恨不得一见面就直奔主题。

马云的成功在于抓住了人们身上普遍的弱点，进而挖掘，使之转变成赚钱的机会。马云是个懒人，也是聪明人，他捕捉到了别人没有发觉的市场，“懒”出了门道，也“懒”出了财富。现代社会日新月异，市场需求也呈现出多样性和独特性，“懒人群体”的出现是一种新的经济机遇。如果能从懒人的角度去思考，挖掘他们的需求，并尽量使自己的产品符合他们的要求，就能把市场做大、做活。

现在你该明白，这里说的“懒”不是真懒，更不是让人养成懒惰的恶习。它实际上是一种思路的转变，一种看问题的新颖角度。善于转换自己的思路，想别人想不到的，成功就会离你更近。

如何拆掉趋合心理这堵墙

倘若信才写了一半，圆珠笔突然没有墨了，你是随手拿起另一支笔继续写下去，还是四处寻找一支颜色相同的笔，以致在找笔时思路又转到别的方面?

或者，你是否会被一本间谍小说迷住，哪怕明天早上有一个重要会议，也要读到凌晨4点仍不释卷?

又或者，你突然爱上了编织，每天回到家的第一件事情就是拿起编织针，一本正经地织着毛衣。虽然并不复杂，却搞得茶饭不思。如果中途有别的事情打断，只要有机会，就会迫不及待地继续干，尽管织完了也并不着急穿。

之所以出现这些现象，是因为人们天生有一种办事有始有终的驱动力。有个例子很能说明这种心理：

一位大作曲家爱睡懒觉，妻子为使他起床，便在钢琴上弹出一组乐句的头三个和弦。作曲家听了之后，辗转反侧，最终不得不爬起来，弹完最后一个和弦。趋合心理迫使他在钢琴上完成他在脑中早已完成的乐句。

实际上，人们不只喜欢办事有始有终，还倾向于将不完美的变得完美，将不完善的变得完善。让我们再来看看下面的例子。

一个老太太把自己楼上的房间租给了一个男青年。第一天晚上，男青年玩到很晚才回来。他爬到床上，咕咚咕咚脱下皮鞋倒头就睡。第二天，老太太对那青年说：“你昨晚脱鞋的声音太响了，害得我好久都睡不着。”男青年听了很不好意思，连声说：“我以后一定注意，一定注意。”

这天，男青年还是玩至半夜归来。咕咚，他脱下了一只鞋，突然想起老太太的抱怨，于是他轻轻地把另一只鞋放下，没有发出任何声音。

次日，老太太问那男青年：“你昨天怎么只脱了一只鞋？”男青年说：“我脱了一只鞋后，想起您对我说的话，怕影响您休息，就把鞋轻轻放下了。”

这下老太太更生气了：“你害我一夜睡不着。”

“为什么呀？”

“我一直在等第二只鞋落下来啊。”

这就是人们的“趋合心理”在作怪。如果一件事情不完整，人们就倾向于把它做完整；如果一件事情不完美，人们就倾向于将它变得完美。比如你画了一个圆圈，如果最后留下一个小缺口，那你会倾向于把这个圆完成。

倘若一个人的内驱力太强，每件事都非做完不可的话，则可能会导致生活没有规律、太紧张。很显然，这并不是好事。同样，一个人的内驱力太弱的话，就会拖拖拉拉，永远也完不成一件事。这两种人都需要调整他们的完成驱动力。

对于内驱力太弱的人，泰克医生为他们提出了一个解决的方法："如果你精力集中的时间限度是10分钟，而工作要一小时才能做完。那么，你的思想一开始散漫，就要停止工作，然后用三分钟的时间活动筋骨，例如跳几下、去倒一杯水，或是做些肌肉运动。活动过后，再把另一个10分钟花在工作上。"

而对于那些内驱力太强的人，要怎样才能把脱缰之马一般的"完成内驱力"抑制住呢？

第一，如果发现某一个工作计划不值得做，就勇敢地放弃。

第二，编制一个时间表，把必须做的事以及要花费的时间都写下来。努力培养出一种较合实际的意识，每一次做计划不必把完成期限定得太紧。如果有笔账必须在2月1日前缴付，那就预定在1月29日付出。

第三，一点一滴地强化意志力。我们可以先从小事开始训练自己，比如强迫自己在洗碗槽里留下几只碟子不洗；看一本书的时候，尝试中间休息一下，想想自己是否在浪费时间和精力。如果连你自己都觉得是，那你还要不要继续看下去？

如何从损失之痛中抽身

当一项已经发生的投入无论如何也无法收回时，这种投入就变成了“沉没成本”。

举个例子来说，你花了10块钱买了一张今晚的电影票，准备晚上去电影院看电影，不想临出门时天空突然下起了大雨。

这时你该怎么办?

如果你执意要去看这场电影，不仅要来回打车，增加额外的支出，而且还可能面临着被大雨淋透而发烧感冒的风险。这时，你的明智选择应该是不去看这场电影。

还有一个更为经典的例子能够帮助我们进一步认识沉没成本的深刻含义：

有一个老人特别喜欢收集各种古董，一旦碰到心爱的古董，无论花费多少钱都要想方设法买下来。有一天，他在古董市场上发现了一件向往已久的古代瓷瓶，就花了很高的价钱把它买了下来。他把这个宝贝绑在自行车后座上，兴高采烈地骑车回家。谁知瓷瓶由于绑得不牢，在途中从自行车后座上滑落下来，咣当一声摔得粉碎。

大家猜猜，这位老人是什么反应?

这位老人听到清脆的响声后居然连头也没回，继续骑车。这时，路边有位热心人对他大声喊道："老人家，你的瓷瓶摔碎了！"老人仍然头也没回地说："摔碎了吗？听声音一定是摔得粉碎、无可挽回了！"不一会儿，老人的背影消失在茫茫人海中。

我想，如果这种事情发生在一般人的身上，他一定会从自行车上跳下来，对着已经化为碎片的瓷瓶捶胸顿足、扼腕痛惜，有的可能会好长时间精神都难以平复。

每一次选择之后，我们总是要付出行动，而每一次行动我们总是要进行投入，不管投入的是人力、物力、财力还是时间。在做出下一个选择时，我们不可避免地会考虑到这些前期的投入，不管还能不能收回，是否真的还有价值。最终，前期的投入就像万能胶一样，把我们粘在原来的道路上，无法做出新的选择；而且投入越大，我们就会被粘得越紧。

如果我们能像那位老者一样，不再考虑无可挽回的损失，那么，我们就能在人生的道路上不断地做出新的选择，从而调整自己人生的方向，将人生之路越走越宽！

不是方法的方法，有奇效

公安局局长在路边同一位老人谈话，这时跑过来一个小孩，急促地对公安局局长说："你爸爸和我爸爸吵起来了！"老人问："这孩子是你什么人？"公安局局长说："是我儿子。"请你回答：这两个吵架的人和公安局局长是什么关系？

在100名被测试者中只有两人回答正确！在对一个三口之家提出这个问题时，父母没答对，孩子却很快答了出来："局长是孩子的妈妈，吵架的一个是局长的丈夫，即孩子的爸爸；另一个是局长的爸爸，即孩子的外公。"

为什么那么多成年人解答如此简单的问题反而不如一个孩子呢？这就是思维定式在作怪。按照成人的经验，公安局局长应该是男的。从"男局长"这个思维定式去推想，自然得不到正确答案。而小孩子没有这方面的经验，也就没有思维定式的限制，因而立刻就得出了正确答案。

社会心理学家发现：在人际交往和认知过程中普遍存在着思维定式，也就是人们的思维经常会遵循某一个固定的模式。思维定式一旦形成，思维就会呈现一种惯性状态。只要某种现象一出现，就会自然而然地顺着过去的习惯去思维，得出结论。此外，人们在做出选择、进行决策时，依据的也往往是过去的经验。

过去的经验在大多数时候会为我们提供正确的参考，长期的惯性思维可以使我们在从事某些活动时相当熟练，甚至达到自动化。但是，它的存在也会束缚我们的思维，使我们只用常规方法去解决问题，而不寻求其他途径。当常规方法无法解决时，我们只会一筹莫展。要知道，当一个人的思维陷入固定的模式时，他不只会倔强如牛，把错误当真理，还可能会把自己逼进死角，就像下面要说到的蜜蜂那样。

如果你将6只蜜蜂和6只苍蝇装进一个玻璃瓶中，然后将瓶底朝着窗户，会发生什么情况呢？

你会看到，蜜蜂不停地想在瓶底上找到出口，一直到它们力竭倒毙或饿死；而苍蝇则会在不到两分钟之内，穿过另一端的瓶颈逃逸出去。正是由于蜜蜂固守以往对光亮的经验才导致了它的死亡。

蜜蜂在自然界中从没遇到过这种突然不可穿透的大气层。在它们的经验中，出口必然在光线最明亮的地方。于是蜜蜂固执地遵循着这一思维定式，不停地重复着这种合乎逻辑的行动，在一次次的受挫后也仍然不去寻求新的出路。

那些愚蠢的苍蝇则全然不顾亮光的吸引，四下乱飞，结果误打误撞地碰上了好运气，找到了出口，并因此获得了自由和新生。这些头脑简单者顺利得救。

这个故事并不是寓言，而是美国密歇根大学教授卡尔·韦克转述的一个绝妙的实验。实验中的蜜蜂在选择逃生方法时只是因为受到思维定式的影响，从而做出错误的选择且固执坚持，最终失去了逃生的希望。

因此，不管是在学习、工作还是在生活中，我们应该有意识地克服思维定式对我们的影响，敢于尝试新的出路。这样才能使思维更开阔、更深刻、更灵活、更敏捷，才能使我们在人生的道路上少犯错误。

保持清醒，趋利避害

人们总是自觉不自觉地以多数人的意见为准则，做出判断，并采取行动。一件事情，不论好坏，只要有人敢做，其他人便会蜂拥而至。

假如你是十字路口上的一位行人，红灯亮了，然而路面上并没有行驶的车辆。这时候，有一人不顾红灯的警告穿越马路，接着两人、三人……人们蜂拥而过，置身其中的你会怎么做呢？倘若你还留在原地，不但别人会说你傻，恐怕连你自己也会这样认为。这就是一个“从众效应”最常见的例子。

从众效应是指人们自觉不自觉地以多数人的意见为准则形成印象、做出判断的心理变化过程，以及在信息接收中，所采取的与大多数人相一致的心理和行为的对策倾向。从众效应既包括思想上的从众，又包括行为上的从众。我们来看看从众效应对人们的影响，看看人们会不会因为自己的看法、选择与大多数人不同而违心地改变自己的意见、选择。

1952年，美国心理学家所罗门·阿希设计实施了一个实验。

他请大学生们自愿做他的受试者，告诉他们这个实验的目的是研究人的视觉情况。来参加实验的大学生走进实验室的时候，发现已经有5个人先坐在那里了。于是，他们只能坐在其他位置上。他们不知道，事实上，那5个人是跟阿希串通好了的假受试者（即所谓的“托儿”）。

阿希要大家做一个非常简单的判断——比较线段的长度。他拿出一张画有一条竖线的卡片，然后让大家对这条线和另一张卡片上的3条线做出比较，看它和3条线中的哪一条线等长。判断共进行了18次。事实上这些线条的长短差异很明显，正常人是很容易做出正确判断的。

然而，在两次正确判断之后，5个假受试者故意异口同声地说出一个错误答案。于是许多真的受试者开始迷惑了。他们会坚定地相信自己的眼力呢，还是会说出一个和其他人一样，但自己心里认为不正确的答案呢?

从总体结果来看，有33%的人选择了和大家一样的判断，有76%的人至少做了一次从众的判断。而在正常的情况下，人们对这个问题判断出错的可能性还不到1%。当然，还有24%的人一直没有从众，坚持按照自己的正确判断来回答。

为什么人们会放弃自己的正确答案而改变判断，选择和众人一致的错误答案呢?

社会心理学家发现，持某种意见的人数是影响从众行为的最重要因素。“人多”本身就是一个具有说服力的明证，很少有人能够在众口一词的情况下还坚持自己的意见。

一方面，“木秀于林，风必摧之”，与众不同是要承受很大的心理压力的。好比车流滚滚的道路上，一位逆向行驶的汽车司机；弹雨纷飞的战场上，一名偏离集体、误入敌区的战士；万众屏气静观的剧场里，一个突然歇斯底里大声喊叫的观众……

另一方面，公众几乎都讨厌越轨者。在一个系统内，谁若做出与众不同的判断或行为，往往会被其他成员孤立，甚至受到严厉惩罚。美国霍桑工厂的实验就很好地说明了这一点。

霍桑工厂内的工人们对自己每天的工作量都有一个标准，完成这些工作量后，就会明显地松弛下来。因为任何人超额完成都可能使管理人员提高定额，所以，没有任何人去打破日常标准。这样，一个人干得太多，就等于冒犯了众人；但干得太少，又有“磨洋工”的嫌疑。任何人干得太多或者太少都会被提醒，而任何一个人冒犯了众人，都有可能被抛弃。为了免遭抛弃，人们就不会去“冒天下之大不韪”，而只会采取“随大流”的做法。

再说，参考周围人的做法来决定自己的行为，认为与大多数人相一致的行为才正确的想法并不是全无道理的。大多数情况下，多数人都去做的事情往往是正确的事情。周围人的做法对我们具有很重要的指导作用，可以使我们少走弯路、少犯错误。

但是，凡事有利就有弊。不顾是非曲直地一概服从多数、随大流走，是不可取的。跟在别人屁股后面亦步亦趋，最后只会陷入艰难的处境。

后发制人，更以实力制人

在经商中，有时为了保存实力，要学会韬光养晦，将自己的才华隐藏起来，见机而动。这可以使自己在没有能力与对方正面竞争的情况下，暂时保存自己的实力，然后养精蓄锐，等待时机，出奇制胜。

在商海竞争的过程中，实力雄厚、强劲的一方总是很狂傲，自以为“天下第一”。面对这种情况时，千万不要在他们面前暴露你的实力或者潜力，而应千方百计地“装聋作哑”，做出胸无大志、俯首听命的模样，使对方欲与己竞争一番的弦慢慢放松下来。麻痹对方的思想，最终才能抓住机会克敌制胜。

其实，这就是被商界人士广为传颂的“老二哲学”。所谓“老二哲学”就是不做第一，不做第三，而是紧紧跟在第一名的后面做“老二”。先隐藏不动，蓄势待发，瞄准机会再冲刺第一。或许是暂时不愿做“出头鸟”，或许是想挂在后面搭个便车，而不是不思进取，因为“老二”只是个过渡阶段而已。

经商者在经商之初，要学会做“老二”，抢先者未必就一定能够抢占到市场。不要以为第一个推向市场的创新产品或经营模式就具备了绝对的竞争优势，能成为未来市场的领导者。事实证明，最早进入新市场的产品，并不一定是最后的赢家。

最典型的例子就是万燕的衰败之路。当年，万燕花了一大笔钱告诉消费者：VCD是好东西。直到市场培育好了，大家都知道VCD是个好东西时，步步高、爱多出手了：建立自己的品牌，完善自己的营销网络，再把价格降下去，成功了！而为他人作嫁衣裳的万燕呢？在不知不觉中就销声匿迹了。

所谓“螳螂捕蝉，黄雀在后”，甘当“老二”、能当“老二”就是做黄雀，好多商人对此颇有感触。他们辛勤地开拓市场，但到销售额刚见好转的时候，又生后顾之忧。为什么呢？因为这个时候，必然有其他人跟上后发制人。某些经商大户对风险较大或无暇顾及的生意，先按兵不动，让其他小商人去开发，等到有利可图时，再迅速开发并取而代之。后发制人虽有点儿胜之不武，但作为一种市场竞争中的手段，却没有违背商业道德。这就告诫我们，如果你在市场中的实力并不是非常雄厚，还是不要做“出头鸟”。

一个商人，在经商过程中能够先发制人当然值得称赞，但“步人后尘”者也不应该被视为落伍者，特别是事业刚刚起步的商人。他们在开发新产品过程中，由于受到资金、技术、市场等诸多因素的制约，举步维艰，很难快速形成规模、产生效益。这时候，解决问题的最好办法就是跟紧领跑者。如果不顾自身的实际能力，拼命地往前冲，不仅新产品开发不会形成气候，而且投入市场后难免存在各种后患，结果犹如自掘坟墓，使自己处于困境之中。

需要说明的是，运用“老二哲学”时，信息一定要灵，动作一定要快，使自己处于主动地位，等到时机成熟时出奇制胜。

答案往往不止一个

从前，普陀山上有座庙，庙里住着一个老和尚和一个小和尚。师徒二人相依为命。

有一天，老和尚给小和尚出了一道题：“一个爱清洁的人和一个不爱清洁的人一同从外面回来，是爱清洁的人先去洗澡，还是不爱清洁的人先去洗澡？”

小和尚搔了搔头皮，迅速地答道：“当然是不爱清洁的人先去洗澡，因为他身上很脏。”老和尚看了看小和尚，未置可否。

小和尚以为自己回答得不正确，又马上改口说：“一定是那个爱清洁的人先去洗澡。”

老和尚问：“为什么？”

小和尚胸有成竹地说：“那还不简单？爱清洁的人有洗澡的习惯，不爱清洁的人没有洗澡的习惯。只有爱清洁的人才有可能去洗澡。”说完，小和尚等待着师傅的夸奖。

出乎意料的是，老和尚不但没有夸奖小和尚，还说小和尚没有悟性。小和尚更加莫名其妙了。

“两个人都会去洗澡，爱清洁的有洗澡的习惯，不爱清洁的需要洗澡。”小和尚只有这样回答了。可师傅的脸色告诉他，又错了。

小和尚只剩下最后一个答案，于是怯生生地回答：“两个都不洗澡，原因是爱清洁的人很干净，不需要洗澡，不爱清洁的人没有洗澡的习惯。”

等小和尚说完，老和尚还是摇头。接着，老和尚告诉小和尚说：“其实，你已经把四个答案都说出来了。但你每次都认准一个是正确的。这样你的答案是不全面的，因为单单拿出任何一个都不是正确的答案。”

生活中这样的例子并不少见，尤其是在与人交往过程中，有时并非因为做得不对，而是没有全面地考虑问题。世界是丰富多彩的，一个问题也并非只有一个答案。

一个美国在华女投资人曾经说过一句让人印象深刻的话：“我们美国人吃香蕉是从尾巴上剥，中国人总是从尖头上剥，差别很大，但是任何一方都没有因不同而改变的必要吧？”

的确，香蕉是可以从两头吃的，生活中的许多事也是一样。生活并不是做判断题，不是错就是对，同一个问题也并不是只有一个解决办法。遗憾的是，我们很多时候都被自己的视野局限住了，只会从一个方面去寻求突破。

从现在起，试着开拓自己的视野，遇到问题时改变旧的思维模式，从不同的方面去思考，你会发现一片广阔的新天地。

精进：成为杰出人物的路线图

Chapter 3

不曾为梦想努力，就别说梦想没用

2002年11月，芝加哥市一位名叫赛尼·史密斯的中年男子向当地法院递交了一份诉状，要求赎回自己去埃及旅行的权利。这样的诉求在美国社会，应该说十分普通。然而，不知是因为它涉及的内容不一般，还是别的什么原因。总之，该案在美国社会引起了轩然大波。

这起案子的案情十分简单。40年前，赛尼·史密斯6岁，在威灵顿小学读一年级。有一天，品行课老师玛丽·安小姐让他们各说出一个自己的梦想。全班24名同学都非常踊跃，尤其是赛尼，他一口气说出了两个：一个是拥有一头小母牛；另一个是去埃及旅行一次。

当玛丽·安小姐问到一个名叫杰米的男孩时，不知为什么，他竟想不出自己的梦想是什么。为了让杰米也拥有一个自己的梦想，她建议杰米向同学购买一个。于是在玛丽·安小姐的见证下，杰米用6美分向拥有两个梦想的赛尼买了一个。由于赛尼当时太想拥有一头自己的小母牛了，就让出了第二个梦想——去埃及旅行一次。

40 年过去了，赛尼·史密斯已人到中年，并且在商界小有成就。40 年来，他去过很多地方——瑞典、丹麦、希腊、沙特、中国、日本，然而从来没有涉足过埃及。难道他没想过去埃及吗？想过。据他说，从卖掉去埃及的梦想之后，他就从来没忘记过。然而，作为一个虔诚的基督徒和一个诚信的商人，他不能去埃及。

现在，他和妻子打算到非洲旅行一次。在设计旅行线路时，妻子把埃及金字塔作为其中的一个观光项目。赛尼·史密斯再也忍不住了，他决定赎回那个梦想。他觉得只有那样，自己才能坦然地踏上那片土地。

赛尼·史密斯能赎回那个梦想吗？他没能够。因为经联邦法院审定，那个梦想价值 3000 万美元，赛尼·史密斯要赎回去，就必须倾家荡产。这个梦想的价值是怎么判定的呢？我们从杰米的答辩状中可以找到答案。

杰米在答辩状中是这么说的："接到史密斯先生的律师送达的副本时，我正在打点行装，准备全家一起去埃及。这好像是我回绝史密斯先生的理由。其实，真正的理由不是我们正准备去埃及，而是这个梦想的价值。

"现在各位都非常清楚，我小时候是个穷孩子，穷到不敢有自己的梦想。然而，自从我在玛丽小姐的鼓励下，用 6 美分从史密斯先生那儿购买了一个梦想之后，我彻底地变了，变得富有了。我不再淘气，不再散漫，不再浪费自己的光阴，我的学习有了很大的进步。我之所以能考上华盛顿大学，我想完全得益于这个梦想。

“我之所以能认识我美丽贤惠的妻子，我想也是得益于这个梦想。她是一个对埃及文明着迷的人。如果我没有购买那个梦想，我们绝不会在图书馆里相遇，更不会有一段浪漫迷人的恋爱时光，也不会有现在这样幸福的生活。

“我的儿子现在在斯坦福大学读书，我想也是得益于这个梦想。因为我曾经告诉他，如果他能获得好的成绩，就带他去那个美丽的地方。我想他就是在埃及的召唤下，走入斯坦福大学的。

“现在我在芝加哥拥有 6 家超市，总价值 2500 万美元左右。我想如果没有那个去埃及旅行的梦想，我是绝不会拥有这些财富的。尊敬的法官和陪审团的各位女士们、先生们，假如这个梦想是属于你们的，你们一定会认为它已经融入了你们的生命之中，已经和你们的生活、你们的命运紧密相连、密不可分。你们一定会认为，这个梦想就是你们的无价之宝。”

谁能想到，赎回一个被 6 美分卖掉的梦想，竟然要花上 3000 万美元。从这个故事中，我们也可以看到梦想的巨大力量。

梦想源于人类的想象，许多伟大的发明都是由想象而来的。想象是鲜活的力量，是最奇妙的力量，也是宇宙之中最不可抗拒的力量。想象并不是不可捉摸、虚无缥缈的东西。人造的一切物体皆源于人类的想象力。

想象可以凭借心灵的作用，使梦想变为现实。所以说，人生因梦想而高飞，我们每一个人都应该拥有自己的梦想。有了梦想，你才有努力的方向，才能一步步走向成功。心中倘若没有了梦想，就像身处浓浓大雾中没了指引，一片迷茫。

在路上，只要保存着自己的梦想、激情、活力，实践着，努力着，相信每个人的人生之路都会越走越宽、越走越亮堂！

第一阶段：思考目标

你有自己的人生目标吗？你有什么要达成的心愿吗？你清楚自己人生的航向吗？没有清晰的人生目标的人，就像一艘没有舵的船，只能随波逐流、漂浮不定，到不了成功的彼岸。

研究证明，有一个明确的奋斗目标是非常重要的。耶鲁大学曾对毕业生进行过这么一次有关人生目标的跟踪调查。

在开始的时候，研究人员向参与调查的学生们问了这样一个问题："你们有目标吗？"对于这个问题，只有10%的学生确认他们有目标。然后研究人员又问了学生们第二个问题："如果你们有目标，那么，你们是否把自己的目标写下来了呢？"

这次，总共只有4%的学生的回答是肯定的。20年后，耶鲁大学的研究人员在世界各地追访当年参与调查的学生们，发现当年那些把自己的人生目标写下来的人，无论从事业发展还是生活水平上说，都远远超过了那些没有这样做的同龄人。不说别的，这4%的人所拥有的财富居然超过了余下96%的人的总和！

看到这，你也许会对这样的结果感到很惊讶，但明确的目标对人获得成功的推动力是毫无疑问的。很多人之所以没能成功，并不是他们努力不够，而主要是因为他们没有选定清晰的目标。只有让目标引导人生的人，才可以乘风破浪，直达成功的彼岸。

罗斯福总统的夫人埃莉诺在大学读书时打算边学习边工作。她希望能在电讯行业找份工作，这样可以多学点东西。她的父亲帮她联系到自己的一位老朋友——当时任美国无线电公司董事长的萨尔洛夫将军。

萨尔洛夫热情地接待了她，问她："你想要什么样的工作？做哪一个工种？"埃莉诺回答："随便哪份工作都行！"

将军凝视着埃莉诺的眼睛，严肃地说："年轻人，世上没有一类工作叫'随便'，成功的道路是由目标铺成的！"这件事使埃莉诺意识到了明确目标的重要性。

成功的前提就是要有一个明确的目标。因为明确的奋斗目标是对自己的鞭策，能让人产生前进的动力。长远的目标还会督促你努力朝一个固定的方向前进，而不会随便被其他事情分散精力。

可能有人会说："我也给自己设立了目标，可是总也实现不了。"如果是这样的话，那你需要重新衡量一下自己的目标，看看自己的目标是不是切实可行，是不是超出了自己的能力范围。如果都不是的话，那就是我们觉得成功太遥远，因为倦怠而放弃。

其实，要达成目标也是需要一定技巧的。

针对如何实现长期的目标，美国管理学家古特雷提出：每一处出口都是另一处的入口。上一个目标是下一个目标的基础，下一个目标是上一个目标的延续。把你的长期目标化整为零，分成好几个小目标，一小段一小段来实现。这样，你从一开始就能看到成功的希望，就有走下去的动力，也就不会因终点太遥远而倦怠。在这一点上，我们可以向下面这只聪明的猴子学习。

古印度人有个捕捉猴子的妙法：在群猴经常出没的原始森林里，放上一张装有抽屉的桌子，抽屉里放一个苹果或者桃子，然后将抽屉拉到猴子的手能插进去却无法拿出苹果或桃子的程度，猎人就可远离桌子静静地安心等待。每一次，猎人都能看见这么一幅好笑的画面：猴子将手伸进抽屉里取桃，却怎么也取不出来，而猴子又死活不肯放弃，于是，贪婪的猴子急得两眼冒绿光，却又一筹莫展。

这种古老的方法使很多猴子轻而易举地成了猎人手到擒来的猎物。

有一天，有个猎人又用这个办法准备擒捉一只在附近活动了很久的猴子。一会儿，那只猴子终于探头探脑地走到了桌子旁边。它先将一只手伸进抽屉里取苹果，但苹果太大，抽屉缝又太小，任它怎么努力也取不出来。于是猴子又将另一只手也伸了进去，两只胳膊飞快地在抽屉里翻动。不一会儿，一个又大又圆的苹果被它用尖利的指甲抠成一堆苹果碎块。猴子扔掉果核，用手掏出抽屉里的苹果碎块有滋有味地吃起来。吃完后，它心满意足地扬长而去。

这只聪明的猴子懂得将苹果抠成碎块化整为零，因此成功地获取了整个苹果。目标虽大，只要你将其一点点分解、一个个地实现，虽然每次得到的只是其中的一点点，但一次又一次的积累，终将使你实现那个远大的目标。

现在，好好设定你的人生目标吧。一旦你确立了明确的目标并努力朝它前进，一个崭新的世界就会呈现在你面前。新生活从确立目标开始！

第二阶段：变得认真

有一个员工很不满意自己的工作，愤愤地对朋友说："我在公司里一点也不受重用，我想辞职不干了。"

"你向你的上司要求担当更重要的职责了吗？"他的朋友反问。

"没有！"

"你可以试着向你的上司提出这样的要求，如果不这样，你就不会受到重视。另外我建议你先把公司的一切业务以及管理经验都好好地学到手，然后再向上司提出自己的要求。如果上司还不重用你，你再一走了之，不是既出了气，又有许多收获吗？"

那位员工听从了朋友的建议，从此便认认真真学习公司业务，有时下班之后，还留在办公室研究写商业文书的方法。

一年之后，那位朋友偶然遇到他，问道："公司的那一套东西你都学会了吧？现在还想辞职吗？"

"我发现近半年来，老板对我刮目相看。他对我委以重任，又升职，又加薪，我怎么舍得离开公司！"

"这是我早就预料到的！"他的朋友笑着说，"当初你的老板不重视你，是因为你的能力不足，也不努力学习。听了我的话后，你痛下苦功，能力不断提高，渐渐能担当重任了，老板自然会对你刮目相看。只知抱怨别人的态度，却不反省自己的能力，这是人们常犯的毛病啊！”

现实生活中我们可以看到，不少人认为自己学历高就理应受到重视。其实，学历只是你学习的经历，并不能证明你的能力，再说，现在学历高的大有人在。不妨问问自己，除了学历，你有什么特别的优势是别人替代不了的呢？

要想别人重视你，只有使自己变得不可替代才行，就像爱默生说的那样：“一个人拥有一种别人所需要的特长，那么无论他到哪里都不会被埋没。”而要想不被别人取代，取得事业的成功，你只有努力地提高自己。只要你不断提升自我价值，使自己变得不可替代，很快就会找到自己宽广的舞台，迎来辉煌的明天。

你所走过的路，每一步都算数

许多人都说过这样的话："我试了几百次了，可就是不成功，没办法，只好放弃。"你相信这句话吗？至少我对此是心存怀疑的，别说几百次，有没有十次都要打个问号。或许有人曾试过七八次，因为不见成效，就放弃了再试的念头，却不知想要做成一件事，没有坚持不懈的努力是不行的。成功者之所以成功，就在于他们一直在不懈地努力着。

只要你不断地努力，执着地追求自己的梦想，就一定会有收获。因为每一次努力都隐含着成功的因素，都有成功的可能。而造物主也从来不会让伟大的追求者空手而归，即使你最后没有得到要找的东西，它也要给你点副产品，作为对你的奖赏。有的时候，副产品的价值甚至远远超过了你梦想的价值。

一位青年教师去爬泰山，本意是想看泰山的日出。他徒步而行，往返三千四百里，历时两个月零六天，日出没有看到，结果身边多出了一位姑娘、两本游记和一群天南海北的朋友。

伦琴在实验室里蹲了 6 年，本来是想找晶体光谱的，结果光谱没找到，却意外地发现了 X 射线。因此，英国政府给了他 12 万英镑，瑞典诺贝尔奖委员会奖励他 53 万美元。他那张印着左手轮廓的感光纸，1932 年被一位美国的收藏家以 120 万美元的价格买下。

也许你要说，一个人的成功有时纯属偶然。可是，谁又敢说，那不是一种必然？你看哪个成功者不是坚持不懈、不达目的不放弃地努力着。所以，如果你现在正在为梦想奋斗，千万不要停下你的脚步。意外的惊喜，也许明天就会降临。每一次的努力，都会让你距离成功更近一步。

有两个好朋友斌和华在大专毕业后结伴到南方去找工作。斌找来找去，最后找到一个在街头发小广告的工作。刚开始的几天，斌自己也挺难为情的。他在发小广告的时候，很多人脸上都是不屑的表情，硬是挡住不要；有的人勉强接到了手里，一转身，就把那些印刷得花花绿绿的小广告扔进了垃圾箱。不过斌还是硬着头皮，坚持干着这种让不少人瞧不起的工作。

华笑着说他："唉，你这个工作，简直就是在制造垃圾嘛。你好歹也算个小知识分子，怎么去干这种一点价值都没有的工作呢？"斌听了并没有反驳，只是笑笑说："这个工作虽然不怎么样，可是有不少时间可以让我自由支配啊。"

过了一段时间后，斌找到一个比发小广告好些的工作，在某"三流小刊"当编辑。斌一天到晚趴在桌子上写一些"快餐文学"。这时，华又笑他说："你写的那些东西根本没有收藏价值，这有什么意思呢？"斌听了仍然毫不介意地笑笑说："你要看到，我一直在向着我的梦想前进啊。”

又过了几年，斌拿到了自考本科文凭，而且因为长期的写作，写作经验丰富了，他写出了几十篇质量挺不错的作品。因此，斌被一家发行量很大的报业集团录用，在那当副刊编辑。条件好了，视野开阔了，斌的文章也越写越好了。这个时候，华才清楚地看到斌一直一步一步走在梦想的道路上，于是冲他竖起了大拇指，笑着说他“终于从垃圾堆里爬出来了”。

后来，斌在回想自己的经历时说：“我为什么会愿意干在街头发小广告的工作？那是因为发小广告不仅让我有时间练习写作，而且在街头发小广告的时候观察到的东西很有意思，让我积累了不少素材。正因为在发小广告的期间发表了十多篇稿子，我才能谋到一个专门跟文章打交道的工作啊——虽然只是一家三流的小刊物，但它能给我提供更丰富的写作机会。”斌感慨地说：“很多时候，人们向着一个方向走，不可能一步到位。虽然很多时候在别人看来，他干的都是‘垃圾’工作，都卑微琐碎，没有什么意思，但其实这些都是他向上走的一个个台阶啊。”

是的，只要你不放弃梦想，坚持不懈地努力，一步步朝着梦想攀登，在每一次努力的背后，都有成功的希望，都会让你距离梦想之巅更近一步。

第三阶段：全力投入

公元前1世纪，恺撒大帝率领他的军队抵达了英格兰。他决心赢得这场战争，不管遇到什么情况都不会退却。为了让士兵们明白自己必胜的决心和信心，也为了断绝士兵们逃跑退缩的念头，恺撒命令士兵将运载他们的所有船只都烧毁。这使得军队的士气受到了莫大的鼓舞。最终，他们在这场战争中获胜了。

背水一战、破釜沉舟的军队往往能获得胜利。同样，一个做事不留退路、一心向前的人，不管遇到什么困难和障碍，都不会后退，因为他没有路可以退。而那些为自己准备退路的人同时就是在后退，他们立志不坚，把精力和时间投入退缩的准备上，绝不会获得成功。

很多人在处理重要问题的时候，总是喜欢把这些问题暂且搁置在一边，等以后再做。他们没有决定的勇气和魄力，总想在着手做事的时候给自己留一条后路，以免没有出路。对于他们来说，退路就是出路。但是，事实证明，这样是不会有任何成就的。

有的时候，你给自己留的退路就像蜗牛背上那重重的壳，只是给自己套上了一个套子，使自己拥有了一种虚妄不实的安全感。然而就是这虚妄的安全感，让你轻易地放弃了丰富多彩的生活和广大的空间。

一个人为什么不能坚持到底，我想正是因为他根本就没有倾尽全力，总是事先给自己留好了退路。实际上，一个人能否成功，关键在于意志力的强弱。

意志坚强的人不管遇到什么困难和障碍，都会百折不挠，想方设法地克服；意志薄弱的人一遇到麻烦，甚至在挫折到来之前，就开始庸人自扰、彷徨失措，把精力放在如何规避问题上，放在为自己铺设后路上。当困难一个接一个到来时，他们就一步接一步后退，最后终将无路可退。

现实生活中，这样的人并不少。他们富有上进心，希望有一番成就和作为，但是他们意志薄弱，没有必胜的决心，不敢破釜沉舟；他们始终左摇右摆，没有坚定的信念，一遇到挫折和困难，马上就缩回了进取的手和脚。这样的人，这样的心态，最后遭受失败也就不足为奇。

不给自己留后路，让自己没有回旋的余地，方能竭尽全力、锐意进取，就算遇到千万个困难，也不会退缩；因为回头也没有路了，不顾一切地前进，也许还能找到一线希望。有了这样一种“拼命”和“豁出去”的信念，才能彻彻底底地消除心中的恐惧、犹豫。

当一个人不给自己任何退路的时候，他就什么都不怕了，勇气、信心、热忱等从心底油然而生，自然能“置之死地而后生”。如果蜗牛没有了壳，就一定不再是无骨无脊的软体动物。它也一定能长出健壮的腿，生出有力的翅膀，一定能脱离卑污、潮湿、阴暗的生存困境，摆脱依赖与怯懦，不再无奈地生存。

所以说，面对严峻的问题和重要环节，周全而细致地考虑问题的各个方面是应该做的，但是过多地权衡，前怕狼后怕虎，一会儿这样一会儿那样，最终将一无所得。如果以这样的心理状态面对困难，那我可以肯定地说，你不会取得任何进展，甚至还会把事情弄得一塌糊涂。要知道，出路和退路不是同义词，留退路就没有出路。因此，你应该只找出路，不留退路。

第四阶段：校正方向

现实生活中，你有一个梦想，你满腔热忱地开始行动。然而，数月后，生活切断了你的逐梦之路：问题总是出现，重重困难阻碍了你迈向成功的进程。现在，你该怎么办呢？

我们不妨把你的生活同一架从悉尼飞往东京的飞机进行比较。这是一段漫长的海上飞行，但每星期都有上千人登上飞机且没人认为自己的终点可能不是东京。

如果有人告诉你，在 95% 的飞行时间里，飞机都将是偏离航道飞行的，事情又将如何？也就是说，如果没有人控制，飞机几乎一起飞就偏离了航道。不过，飞机是由飞行员负责控制方向的。飞行员心中有着明确的目的地——东京。他清楚飞机会被气流吹得偏离航道，所以他监控着飞机的飞行方向，不时地进行调整，最后到达目的地东京。

生活与那在大洋上空飞行的飞机一样，经常置身于交叉气流之间，随时会被吹得偏离航道。事情永远不会百分之百地像我们预计的那样，所以我们要学会做成功道路上的“飞行员”，不断调整方向以抵达最终的目的地。

要知道，成功者并不是一开始就站在了正确的起点上，找到了成功的方向。他们也是在不断的实践中调整自己的方向，最终发现通往成功的道路。歌德用了差不多半生的精力学画无成，面对人生的不断碰壁，及时调整了人生目标，在文学道路上做出一番成就。孙中山青年时悬壶行医，最后发现治一人并不能救社会，于是转而投身革命，历经艰辛，终于成就了令世人敬佩的伟业。

因此，我们要在实践中发现自己，尽可能多地尝试各种各样的发展道路，不断根据实践的反馈调整对自己的认识和判断。让我们再来看看下面这个成功故事。

马克·汉森所经营的建筑公司彻底失败了，因此他不得不宣告破产。

在后来的日子里，很多人都希望听到的是马克如何令人惊讶地重返建筑业，重新创业并一步一步爬上成功顶峰的故事。如果马克这样做，这又将是一个关于恒心和毅力的传奇故事。这类故事很多，只不过马克并不是这类故事的主人公。

马克彻底退出了建筑业，忘记了有关这一行的一切知识和经历，甚至包括他的老师——著名建筑师布克敏斯特·富勒。马克决定去一个截然不同的领域创业。他很快就发现自己对公众演说有独到的领悟和热情，并且，他发现这是个最容易赚钱的职业。

一段时间之后，马克成为一个具有感召力的一流演讲师。他的著作《心灵鸡汤》和《心灵鸡汤Ⅱ》双双登上《纽约时报》的畅销书排行榜，并停留数月之久。

实际上，真正聪明的人总会在关键时刻放弃无谓的固执，冷静地分析每一个问题，审慎地运用智慧，做最正确的判断，选择正确的方向，并适时调整。

有些事情，即使你做了很大的努力，并为之坚持不懈、苦苦劳作，但最终如果你发现自己走向的是一条死胡同，就需要退出来重新研究，寻找对策了。目标不能达到时，就去开发别的项目，寻找新的成功机会。

在人生的道路上，我们要常常看看手中的地图，检查一下自己是否在向着正确的方向前进，如果不是，那就及时做出必要的调整。在陷入泥潭时，要及时爬起来，远远地离开；上错了公交车时，要及时下车，另外坐一辆车子。

别用“志气”包装你的“意气”

草原上有两匹马，一高一矮，正在悠闲地啃着肥美的青草。它们心情愉快，边吃边聊，慢慢往远处走去。

“一会儿等我们吃完了，再回头吃吧！你看还有好多草没有吃呢！”那匹矮点的马说道。精良的马听后，不屑一顾地打了一个响鼻，根本就没有往后看。它心想：“好马不吃回头草，往回走什么呀？还怕前面没有草吗？”想到这里，它轻蔑地对矮马说：“我可不愿意辱没了‘好马’的名声，要吃你自己回头吃吧。”

两匹马一直往前走，可是草越来越少，它们已经接近沙漠的边缘了。矮马说：“我们还是回去吧！再往前走恐怕就没草了。”

“好马”还是表情傲慢，坚持认为“好马不吃回头草”。于是，矮马回头走向草原，好马独自走向前方的沙漠。最后，那匹“好马”在饥饿的折磨下，一头栽倒在了沙漠中。

高大的骏马只要回头就可以重新吃到美味的青草，可是它把自己的退路堵上了。

“好马不吃回头草”这句话不知是谁最先说的，说过这句话的人应该为很多人的失意和悲剧负责。因为这句话让人缺乏回旋的空间，丧失了大好机会，甚至自己把自己的出路堵死了！

信奉“好马不吃回头草”的人，大概以为这句话表露出的是一种一往无前的勇气和志气，但是谁又敢肯定地说，这不是一种“意气用事”呢？“回头”往往会迎来新的机会、新的开始和新的面貌。可惜的是绝大多数人在面临该不该回头的问题时，都把“意气”当成“志气”，或用“志气”来包装“意气”，把“傲慢”当成“自尊”，明知“回头草”又鲜又嫩，却怎么也不肯回头去吃！要知道还有“苦海无边，回头是岸”这句话呢！

人活在世上，不要太过刚烈，也不可太过偏执。凡事留些余地，给自己和别人一些回旋的空间。当“好马”饿成“死马”时，就再也不是一匹“好马”了！所以，在考虑吃不吃“回头草”这个问题时，应该多考虑一些眼前的“时务”，也就是客观问题，例如：

——你现在有没有草可吃？

——能不能吃饱？以后会不会有草吃？

——如果不吃，你还能支撑多长时间？支撑的后果是什么？

——“回头草”到底有没有吃的价值？吃了对你有什么帮助？

如果“回头草”更好，那你就把“面子”“志气”这些事情抛开，认真地吃好“回头草”，把自己养成一匹更加精壮的马！时间会让人们忘记你是一匹吃回头草的马。如果你吃回头草有所成就，别人还会佩服你说，果然是一匹“好马”！

即刻行动——改变一切的核心力量

Chapter 4

有时候，你得逼自己一把

即刻行动

光说不练的人都是“山炮”

机会给成功者，等待给庸人

怕什么，去经历再说

关键是要说出来，而不是等时机

跨越穷人的围墙

比别人快一步，是你必学的技能

有时候，你得逼自己一把

吉米在上中学的时候，对生活就有一种独特的感受，进而萌生了从事创作的冲动。每当夜幕降临，望着满天的星斗，吉米都会浮想联翩，流畅地打好腹稿。然而到了第二天，一拿起笔来，思绪总是乱作一团，有时甚至连标题都想不出来。

每每搁浅在起步上，这搞得吉米郁郁不可终日。日子在无所作为中被消耗得没有一点痕迹，吉米感到了从未有过的茫然。

这一年，吉米到巴塞罗那办事，邂逅了一位经商的朋友。让吉米感触颇深的是，这位从前的小商贩，如今已是一家大公司的老板。他们走进一家酒馆，点了一桌美味佳肴对饮起来。

喝得面赤耳热之际，朋友向吉米吐露实情："不瞒你说，我刚出道时遭遇过很多次的失败。幸运的是，每一次我都强迫自己，赶快打起精神奋斗下去。"说到这里朋友举起酒杯，无限感慨地一饮而尽。

"强迫自己！"吉米恍然大悟，美好的意愿之所以成空，就是因为自己缺乏义无反顾干下去的坚定意志。从这一天开始，吉米决定强迫自己行动起来，以积极的态度面对失败。很快他就进入了挥洒自如的状态，让成功的喜悦涤荡了所有的困惑。

人生有时就是这样，想得很美，做起来则没有那么容易，美好的梦想总是走不出梦境。只有以坚定不移的决心“强迫自己”，才能勇敢地走下去。施耐德的父亲就是这样的人。

有一次，施耐德逃避了一项该做的事。他的父亲知道了后对他说：“把你的帽子扔到墙那面去。”施耐德困惑不解地问道：“这是什么意思？”父亲说：“面对一堵难以逾越的高墙，如果你迟疑不决，那就把帽子先扔过去。这样你就会想方设法翻到另一面去，我就是这样来到芝加哥的。”

施耐德的父亲在威斯康星州的雷因长大。对于自己何以离家别友来到芝加哥，他解释说：“那年我也就20岁，除了一艘名为‘迪西’的摩托艇，什么也没有。记得在一个夏天的早上，我携着一包衣服，驾艇来到芝加哥的贝尔蒙特港。由于一时找不到工作，我一度想放弃自己的梦想，驾驶着‘迪西’返回雷因。然而我没有那样做。考虑到要想干一番大事业，就必须有一笔资金，我果断地将‘迪西’卖掉，断绝了自己的退路。”

后来施耐德的父亲到爱迪森联合公司工作，在一个舞会上认识了施耐德的母亲。经过艰苦的奋斗，他的父亲不仅在芝加哥成就了事业，也使全家人过上了富裕的生活。若不是当时自断退路，这一切都无从谈起。

所以，在我们为梦想奋斗的途中，如果遭遇到难以逾越的障碍而产生退缩的念头，不妨把帽子扔过墙去。如果你想得到它，就必须想尽一切办法抵达墙的另一边。斩断自己的退路，强迫自己继续前进，或许成功就隐藏在另一边的墙角下。

即刻行动

安东尼·吉娜曾是纽约百老汇中最年轻、最负盛名的演员之一，她曾在美国著名的脱口秀节目《快乐说》中讲述她的成功之路。

几年前，吉娜是大学里艺术团的歌剧演员。那时她就向人们展示了一个璀璨的梦想：大学毕业后先去欧洲旅游一年，然后在百老汇成为一位优秀的主角。

第二天，吉娜的心理学老师找到她，尖锐地问了一句："你旅行完毕后去百老汇跟毕业后就去有什么差别？"吉娜仔细一想，是呀，赴欧旅游并不能帮自己争取到百老汇的工作机会。于是，吉娜决定一年以后就去百老汇闯荡。

这时，老师又冷不丁地问她："你现在去跟一年以后去有什么不同？"吉娜想想那个金碧辉煌的舞台和那在睡梦中萦绕的红舞鞋，情不自禁地说："好，给我一个星期的时间准备一下。"老师却步步紧逼："所有的生活用品在百老汇都能买到，为什么非要等到下星期动身呢？"

听到这，吉娜下定决心说："好，我明天就去。"老师赞许地点点头，说："我马上帮你订明天的机票。"

第二天，吉娜就飞到全世界最著名的艺术殿堂——纽约百老汇。当时，百老汇的制片人正在酝酿一部经典剧目，几百名各国演员前去应征主角。制片人先挑选出十来个候选人，然后让他们按剧本的要求表演一段主角的念白。这意味着想成功入选，要经过百里挑一的艰苦角逐。

吉娜到了纽约后，并没有急于去美发店漂染头发以及购买漂亮的服装，而是费尽周折从一个化妆师手里拿到了将要排演的剧本。在这之后的两天中，吉娜闭门苦读，悄悄演练。初试那天，当其他应征者都按常规介绍着自己的表演经历时，吉娜却要求现场表演那个剧目的念白。最终她以精心的准备出奇制胜。

就这样，吉娜来到纽约的第三天，就顺利地进入了百老汇，穿上了演艺生涯中的第一双红舞鞋。

每个人都把理想当作太阳，不同的是，有人企望沐浴着温暖，悠闲地前进；有人却敢于立刻踏进通往理想的冰流，在逆境中前行。而开启梦想之门的钥匙常常就藏匿在激流暗涌中。想到了就要立刻去做，如果你耽于瞻望和等待，理想就永远是一轮止于仰望的太阳。太多的顾虑必然会让原有的计划拖延、耽误，最后得到的是失败的计划和落空的梦想。

1973年，美国利物浦市一个名叫科莱特的青年考入了美国哈佛大学。常和他坐在一起听课的是一位18岁的美国小伙子。大学二年级那年，这位小伙子和科莱特商议，一起退学，去开发32bit财务软件。因为新编教科书中，已解决了进位制路径转换的问题。

当时，科莱特感到非常惊讶。因为他是来求学的，而不是来闹着玩的。再说对bit系统，默尔斯博士才教了点皮毛，要开发32bit财务软件，不学完大学的全部课程是不可能的。他委婉地拒绝了那位小伙子的邀请。

10年后，科莱特成为哈佛大学计算机系bit方面的博士研究生；那位退学的小伙子也是在这一年进入美国《福布斯》杂志亿万富豪排行榜。

1992年，科莱特拿到了博士学位；而那位美国小伙子的个人资产，此时仅次于华尔街大亨巴菲特，达到65亿美元，成为美国第二富豪。

1995年，科莱特认为自己已具备了足够的学识，可以研究和开发32bit财务软件了；而那位小伙子则已绕过bit系统，开发出EIP财务软件。它比bit快1500倍，并且在两周内占领了全球市场。这一年他成了世界首富。一个代表着成功和财富的名字——比尔·盖茨也随之传遍全球的每一个角落。

比尔·盖茨哈佛没毕业就去创业了，假如等到他学完所有知识再去创办微软，他还会成为世界首富吗？

在这个世界上，有许多人虽然也有梦想，却常常顾及这个，担心那个，没有及时地行动。他们总是在等待，等待万事俱备，等待时机成熟。可是他们不知道的是，有多少关于爱情、事业的遗憾都是因为人们想要寻求万事俱备的条件所导致的。

她不喜欢我怎么办？父母不同意怎么办？缠身的债务怎么办？没有经验怎么办？资金不足怎么办？家人不支持怎么办？……他们老想着困难有多少，可事实是，越是犹豫不决，困难看起来越是比实际的多。

等到万事俱备再做，固然可以避免很多损失，但必须付出许多代价——机会、时间、精力和热情。而对于一个优柔寡断的人来说，万事俱备恐怕还是不够的，他可能还要继续寻求“东风”这个最后的完备条件。最后他只能在等待中一事无成。

很多时候，你若立即行动起来就会惊讶地发现，如果拿浪费在“万事俱备”上的时间和精力处理遇到的事情，往往绰绰有余。任何规划和蓝图都不能保证成功，很多人之所以能取得成功，不是因为事先规划好，而是因为他们在有了想法后立即付诸行动，进而在一步一步的行动中不断调整。

聪明人雷厉风行，糊涂蛋拖拖拉拉。在这个世界上，有93%的人都因拖延懒惰而一事无成。如果你不尽早去做，就会沦为迫于形势而不得已而为之。所以，不要等到万事俱备才着手去做。没有条件可以创造条件。想到了就要做，而且要立刻做。没有行动，再好的计划也是白日梦。

我们可以看到，无论是退学去鼓捣视窗软件的比尔·盖茨，还是发现门户网站背后商机的张朝阳；无论是辞掉公职去乡下搞养殖的刘永好兄弟，还是弃官不做借5万块钱办起用友软件公司的王文京，都是在条件根本不具备的情况下，迈出了创业的步子。因为一切的不足，都会随着时间的推移而逐渐补足，而一个“等”字，只能白了少年头。

一旦你觉得某个目标值得一试，那就果断地着手去干吧，不要优柔寡断，不要为那些困难而心存顾虑。顾忌太多，只会放不开手脚，就像行走于漫漫长路，前面的路有多漫长暂且不要管，其中有多少坎坷也暂且不要管，尽管一步一步走下去，逢山开路，遇水架桥，只要行动，就一定能开辟出一片新天地。

光说不练的人都是“山炮”

哥伦布发现了新大陆之后，皇室为他举行了庆功宴。在宴会上，一位大臣不服气地说：“任何一个人坐上船航行，都能到达大西洋的对岸。有什么稀奇，值得大家这样大惊小怪！”有几个大臣也在旁附和。

哥伦布在旁一言不发，朋友们都为他着急，埋怨他怎么不辩解。过了一会儿，哥伦布叫仆役从厨房拿来了几个熟鸡蛋，请大家玩一个游戏——将鸡蛋竖立在桌上。许多人尝试，却没有一位能将鸡蛋竖立起来。

这时，只见哥伦布拿起一个蛋，用蛋的一端朝桌面砸下去。蛋的一端破了，蛋也就稳稳地直立在桌上。

满桌的王公大臣哗然，都叫着这算哪门子游戏，三岁小孩也会做。哥伦布听后不疾不徐地说：“虽然是很简单的游戏，你们没有一个会做，知道怎么做之后，却都说太简单了！”

其实，付诸行动比光知道怎么做更重要！只要你积极地付诸行动，再困难的事，都有做到的可能；再遥远的梦，都有实现的希望。

有一位年轻的大学生在读书期间发现大学教育制度存在着许多弊端，于是向校长提出了消除弊端的建议，可是校长并没有采纳他的意见。但是这位年轻人并没有放弃自己的这些想法。经过一段时间的思索，他心中升腾起这样一个愿望：自己办一所大学，自己当校长来消除这些弊端。

办学校至少需要100万美元，一时间上哪儿去找这么多钱呢？等毕业后靠自己的努力工作去赚取，那太遥远了。他常常默不作声地坐在那里冥想苦思如何能拥有100万美元。同学们都认为他有精神病，整天想着天上掉馅饼的事。但他并不理会这些，坚信自己可以筹到这笔钱。

有一天，这个年轻人终于想到了一个办法。他打电话到报社，说他明天要举行一个演讲，题目叫《如果我有100万美元怎么办》。在报社的宣传下，来听演讲的人很多。面对台下诸多成功人士，他在台上声情并茂地说出了自己的构想。许多商界人士被他的精彩演讲吸引住了。

演讲完毕，一个叫菲立晋·阿默的商人站了起来，激动地对他说："小伙子，你讲得非常好。我决定赞助你100万，你大胆地按照你说的去办吧。"

就这样，年轻人用这笔钱创办了阿默科技学院，也就是现在著名的伊利诺理工学院的前身。而这个年轻人就是后来深受人们爱戴的哲学家和教育家冈索勒斯。

想法人人都有，但大多数人总是想想就算了。如果你光说、光想却不去做，那永远是原地踏步，根本到不了成功的彼岸。要知道，再长的路，一步步也能走完；再短的路，不迈开双脚也无法到达。

机会给成功者，等待给庸人

有一个推销员以能够卖出任何东西而出名。他曾经卖给一个四肢发达的年轻人一副拐杖，卖给一位健壮的长跑运动员一辆轮椅，卖给一个瞎子一台电视机。

有一天，他的朋友对他说："只有卖给北极熊一个防毒面具，你才算是一个优秀的推销员。"于是，这位推销员不远万里来到北极，那里是一片莽莽雪原。

"您好！"他对遇到的第一只北极熊说，"您一定需要一个防毒面具。"

"这里的空气这样清新，我要它干什么？"北极熊说。

"您稍候，"推销员说，"不久您就会需要一个了，到时您可以来找我。"接着，这个推销员就开始着手在北极熊居住的雪地中央建造一座工厂。

"你真是发疯了！"他的朋友说。

"我只是想卖给北极熊一个防毒面具。"

工厂建成后，许多有毒的废气从大烟囱中滚滚而出。不久，北极熊便来到推销员住处对他说："现在我需要一个防毒面具了。”

“这正是我想的。”推销员说完便卖给北极熊一个防毒面具。

“别的北极熊现在也需要防毒面具，你还有吗？”

“你真走运，我还有成千上万个。”

“可是，能否打听一下，你的工厂里生产的是什么呢？”北极熊好奇地问。

“防毒面具。”推销员兴奋而又简洁地回答。

这个故事中的推销员无疑是个创造机会的高手。有人成天抱怨没有机会，没有施展才能的舞台，却不知道机会有的时候是需要自己去创造的。

生活中任何时刻、任何一件事都有创造出机会的可能，就看你有没有去挖掘，有没有去行动。正所谓庸人等待机会，智者捕捉机会，成功者创造机会。坐等机会到来就如同等待天上掉馅饼一样，是不切实际的。我们要学会像下文中的C那样，为自己创造机会。

A在合资公司做白领，觉得自己满腔抱负却得不到上级的赏识，所以经常想：如果有一天能见到老总，有机会展示一下自己的才干就好了！

A的同事B也有同样的想法。他打听了老总上下班的时间，算好他大概会在何时进电梯，自己也在这个时候去坐电梯，希望能遇到老总，有机会打个招呼。

他们的同事C则更进一步。他详细了解了老总的奋斗历程，弄清老总毕业的学校、处事风格、关心的问题，精心设计了几句简单却有分量的开场白。他在算好的时间乘坐电梯，跟老总打过几次招呼后，最终抓住机会长谈了一次，不久就争取到了更好的职位。

生活中，很多人都像A 样，一方面羡慕别人的机会好，抱怨自己得不到机会的垂青，另一方面却只会坐等机会的到来。殊不知，机会只对那些像C一样的人格外青睐。他们有准备且又善于创造机会。所以说，没有机会，就要创造机会；有了机会，就要巧妙地抓住。

怕什么，去经历再说

一个平凡的上班族麦克·英泰尔在三十七岁那年做了一个疯狂的决定：放弃薪水优厚的记者工作，把身上仅有的三美元捐给街角的流浪汉，只带干净的内衣裤，由阳光明媚的加州，靠搭便车与陌生人的仁慈横跨美国。

他的目的地是美国东岸北卡罗来纳州的恐怖角。这是他在精神快崩溃时做的一个决定。

原来，某个午后，英泰尔问了自己一个问题："如果有人通知我今天死期到了，我会后悔吗？"答案竟是那么肯定。虽然他有好的工作、美丽的同居女友以及亲友，但他发现自己这辈子从来没有下过什么赌注，平顺的人生从没有高峰或谷底。他为自己懦弱的上半生而哭。

一念之间，他选择北卡罗来纳的恐怖角作为目的地，借以象征他征服生命中所有恐惧的决心。他检讨自己，很诚实地为自己的恐惧开出了一张清单：怕保姆、老师、邮差，怕鸟、猫、蛇，怕蝙蝠、黑暗，怕公共场所、荒野、聚会，怕热闹又怕孤独，怕失败又怕成功，怕精神崩溃……他几乎什么都怕，却似乎"英勇"

地当了记者。

英泰尔成功了，四千多里路，七十八顿餐，仰赖八十二个陌生人的仁慈。没有接受过任何金钱的馈赠，在雷雨交加中睡在潮湿的睡袋里，也有几个像公路分尸案杀手或抢匪的家伙使他心惊胆战。他在游民之家靠打工换取住宿，碰到不少患有精神疾病的好心人，最终他来到恐怖角，收到女友寄给他的提款卡。

恐怖角到了，但恐怖角并不恐怖。原来这个名称是由一位十六世纪的探险家取的，本来叫“Cape Faire”，被讹写为“Cape Fear”，只是一个失误。

麦克·英泰尔终于明白，恐怖角这名字，就像他自己的恐惧一样，只是人们心中那个与生俱来的“怕”字在作祟。

我在《读者》里面看到过与此类似的故事，故事不同，所说的道理却是一样的。

一个少年怕独自走夜路。父亲问他：“你怕什么？”少年答：“怕黑。”父亲问：“黑为什么可怕？”少年答：“像有鬼似的。”父亲问：“你见过鬼？”少年笑了：“没有。”父亲问：“那么，现在你敢独自走夜路了吗？”少年低头：“不敢。”父亲问：“还怕什么？”少年答：“路边有一片坟地。”父亲问：“地里有什么声音或鬼火之类的吗？”少年答：“有虫叫，没鬼火。”父亲问：“白天的虫叫与夜里的虫叫有何区别？”少年：

"……"

一名新兵怕跳低板墙。连长问他："为什么不敢跳？"新兵答："怕栽倒。"连长问："你以前跳过吗？"新兵答："没有。"连长问："那么低板墙绊倒过你吗？"新兵低头："当然没有。"连长问："那你怎么知道它会使你栽倒？"然后连长令新兵跳高，成绩为1.7米。连长又问新兵："你知道低板墙有多高？"新兵说："不知道。"连长说："1.5米。"

一名失业青年近几年在家埋头写作，发表了一千多块"豆腐块"。一天，父亲指着一则招聘启事说："某报社需要编辑，快去试试！"长期与社会缺少直接接触的青年胆怯地说："我未必行。"父亲问："为什么？"青年答："没学历。"父亲问："或许你发表的作品能打动报社总编呢。"青年答："那么多大学毕业生应聘，咋会看上我呢？"父亲问："你见过总编了？"青年答："没有。"父亲问："你了解过全部竞争对手了？"青年答："没有。"父亲问："那你究竟怕什么？！"

怕走夜路的少年后来独自走了几回，虽紧张，却平安无事；怕跳低板墙的新兵后来终于咬牙跳了一次，并且以后再也没有犹豫过；怕应聘的青年后来背着一袋报刊去见总编，居然被破格录用……

看过上面这些故事后，在犹豫着不知道自己有没有能力去完成一件想做的事时，我就会对自己说："怕什么，去经历再说。"

只有亲身经历过，你才会知道那究竟是怎么一回事。也许等你经历过，你会发现：你对某一件事的害怕就像恐怖角的名字一样，只是个错误。

也许还有很多人觉得自己有许多理想没有实现，认为自己的人生还不够充实，可是他们总因为种种的害怕、担忧而没有付诸行动。没有行动、不去经历的话，理想永远没有实现的一天。所以，赶快克服自己心中的那个“怕”字，去经历一下，也许在不远的前方，你就会看到成功的彩虹！

关键是要说出来，而不是等时机

俗话说："多个朋友多条路，多个敌人多堵墙。"可是我们总能看到不少人为他们紧张的人际关系而烦恼。其实，善于结怨的人只是在囚禁自己的心，不肯敞开心扉，却不知那样只会让自己多吃一重苦、多受一重罪。

实际上，要消除误会、解除怨艾，与对方化敌为友并不是一件非常难的事情。让我们看看张丽钧老师在《非洲的甘霖》这篇文章中提到的故事。

我的学校有两个女生闹矛盾，惊动了学校的德育处和双方家长。说起来好笑，矛盾的源头只是一句玩笑话，但脆弱的心不堪承载，于是引发了怨怒。

在为这两个女孩解决矛盾的过程中，我发现她们都不算刁蛮，且都因失去了对方的友谊而暗自伤怀。我便分别告诉她们说："退让一步天地宽，你应该主动去跟好朋友认个错，求得她的谅解。世界这么大，人和人碰个面都叫缘，你们要在一起厮守 1000 多天呢，这是多么深的缘分！你应该惜缘才对呀！"听了我这番话，两个女孩都点头称是，都表示会与对方言归于好。就这样，她们的事了结了。

时隔一个学期，有一天，我在走廊里遇到了其中一个女生，她向我问好，我便随口跟她聊了几句天。末了，我问起那个曾与她闹矛盾的女生的情况，她脸一红，低下了头。我吃惊地问："难道，你们俩到现在都没有和好？"她惭愧地点了点头，支支吾吾地说："我……我也想主动和她说话，可是……我……我一直没有找到合适的机会。"我又好气又好笑，对她说："你想要机会是吧？那好，现在，你就去教室，告诉那个女生说，我找她有事！"她愣了一下，看我不像是在开玩笑，便转身去了教室。

一会儿，两个人小声嘀咕着畏畏缩缩走到我面前。我说："瞧，这不说话了嘛！"

是的，要消除误会、解除怨艾并不难，只是人们因碍于面子等种种原因都不愿走出化解矛盾的第一步。人人都将自己的心禁锢，被动等待着和解机会的降临。可是，如果不敞开心扉，就算那机会降临，你的心也感知不到啊！

所以，赶快将禁锢的心敞开，多交朋友少结仇人，丰富自己的人脉资源。这样，人生的路才能越走越宽，才能越走越顺。

跨越穷人的围墙

《论语·述而》云："饭疏食，饮水，曲肱而枕之，乐亦在其中矣！不义而富且贵，于我如浮云。"《后汉书·杨彪传》曰："安贫乐道，恬于进取，三辅诸儒莫不慕仰之。"南宋时期的朱熹在《论语集注》中也说："其视不义之富贵，如浮云之无有，漠然无所动于其中也。"

这些话都表达了安贫乐道的中国传统思想。然而，事实真的是这样吗？安贫真的那么值得称赞吗？非也。

俗话说"人穷志短"，其实是穷人没有办法不志短，他在等米下锅！人穷则必然受制于人，迫于生计，很多时候只能妥协。久而久之，穷人不仅缺钱，还缺"钙"，整个人精神都变软了。没钱就很难按照自己的想法行事，需要看别人的脸色；缺钱就没有创业的基础，无法得到良好的教育，进不了上层圈子，最终可能导致一辈子都是穷人——甚至，不仅自己是穷人，还可能子子孙孙都是穷人，这才是穷人最大的悲哀。

所以，贫穷并非乐事，人穷则要思变。所谓穷人和富人，当初彼此之间的距离可能只是一步，可是在若干年后，他们之间却是天壤之别。而人生的关键就在这一步。

这一步就是走出去，改变现状，去努力，去奋斗。没有这一步，贫穷是不会消失的，富有也不会诞生。跨越穷人的围墙，就从改变现状开始。那么，究竟该如何改变现状呢？

第一，将摆脱贫穷的想法化为行动。

如果你是穷人，那么采取行动吧！否则，钞票只会从你身边溜过。没有一个人生来就有钱，即使是奥纳西斯、洛克菲勒、松下幸之助也是一样。他们成为大富翁的原因是：一有赚钱的念头，马上脚踏实地地去做。这些举世闻名的亿万富翁所拥有的条件和你我一样，每个人变成富翁的机会都是均等的。在立足点一样的条件下，决定能否成功的关键就在于你能否有相应的行动。

第二，制定赚钱的目标。

赚钱的多少与目标的大小是成正比的，所以不妨将你的赚钱目标制定得大一些。比如你现在每年能挣5万，你有没有想过，自己可以一年挣50万？不要觉得不切实际，就这样，将每年赚50万作为自己的目标，然后做出规划：为了赚到这50万，你应该做什么，你第一季度要赚到多少，第二季度要赚到多少……然后，一步步地严格实施自己的计划。你会发现，一年赚够50万并没有想象中那么困难。

第三，以创新赚大钱。

赚钱需要创意。步他人后尘、从事他人已经在做并且颇为赚钱的事业，不是真正的企业家。虽然跟着前人的步伐可以赚到钱，但更应考虑他人还未想到的事业。

比别人快一步，是你必学的技能

一场暴雨过后，村子里陆陆续续有一些孩子拎着篮筐向山坡跑去抢着拾蘑菇。

小詹妮问哥哥："我们怎么不去呢？"

哥哥说："迟了，大的、好的都已经被人抢走了。"

詹妮感到遗憾。哥哥笑了笑，说："喜欢捡蘑菇的话，我可以带你去一个地方，不过有点远，要翻一座山头。"

詹妮赶紧换鞋，说："现在就走。"翻过山头时，他们发现，路上已经有一些附近村庄的人拎着篮子来来往往。哥哥很懊恼："又迟一步！不去了，我带你去捉鱼吧。"等他们到达捉鱼的地方，早有几个孩子在那里弯腰忙碌了。

失望的哥哥临时冒出个主意：采集雨后的野花，去公路上卖。没想到"生意"竟然很好——不时有女乘客特意从旅游车上下来买他们的花。开始是两毛钱一束，后来涨到一块钱一束，照样卖得很快。为提高效率，詹妮和哥哥商量，一人负责采花，另一个负责卖花，轮流值班。那个下午，他们居然赚了几十块钱。

等到第二年，那里的很多小孩子都学会这一套了。哥哥却不肯再去卖花了，他告诉詹妮：别人都看好的事情，绝不要去参加。因为那个时候，机会已经“老”了。换句话说，机会的最大价值往往掌握在第一个抓住它的人手上。这就像我们坐车远行一样，晚走一分钟，就有可能比别人晚半个小时才能到达目的地。

所以说，不能快人一步的话，就只能被别人排除在局外。戴尔公司之所以能够最终胜过规模大于自己的康柏公司，主要原因就在于戴尔看到了个人电脑即将普及所带来的机会，发挥直销的优势，以灵活的经营策略迅速崛起，抢占了个人电脑销售市场的巨大份额。

抢占先机才能跨入崭新的境界，企业是这样，个人也是这样。因此，要想成功，你就必须擦亮自己的眼睛，锻炼出犀利的观察力，随时留意周围的环境和事态的发展。只有这样，你才能在别人还没有发现机会的时候抓住它，才能永远走在前面。如果你慢了一步，迟了一分钟，机会就有可能被别人占去。稍有迟疑，等到大家都看好时，机会也许就不属于你了。

伊丽莎白是石油大王洛克菲勒的女儿，像父亲一样，她对商业也具有浓厚的兴趣，希望可以在商场上有所作为。在巴黎新产品博览会上，做了充分准备工作的伊丽莎白对某项产品专卖权志在必得，她几乎成功了，但最后还是遗憾地失去了这次机会，只因为她的决定晚了一个小时而已。

洛克菲勒听说这件事后感到很遗憾，他尤其遗憾的是造成伊丽莎白失利的原因。伊丽莎白原本在跑道内侧最有利的线路上跑着，占有绝对优势，但由于她的重要决定晚下了一步，在最后冲刺的关键时刻，希望落空了。

伊丽莎白在给父亲的长途电话中懊恼地说道："爸爸，博览会的事您已经知道了吧？欧洲的这家公司竟然如此匆忙地指定美国代理店，我实在没有料到。我以为可以花点时间充分考虑之后再做出必要的决定。"

洛克菲勒在电话那边安慰女儿："孩子，不管怎样，你已经尽力了。不过我只是想对你说，从事商业的人常见的缺点之一就是缺乏迅速、果断的判断力。"

伊丽莎白从这次失败中得到了深刻的教训。机会来临时，看准了就下手，如果迟了，等到大家都看好时，这个机会也许就不再属于你了。

所谓技巧，就是战术上能拼，战略上够活

Chapter 5

努力发现优势，比埋头苦干更易成功

某单位的外贸部有两位年轻人，一位是日语翻译，一位是英语翻译。两人都是名牌大学毕业，风华正茂，在单位领导的眼里，未来外贸部的经理就是两人中的一个。对此，两人心照不宣，暗暗较劲，你追我赶，每年的工作都完成得十分理想。

因为单位有日商的投资，所以单位经营层经常需要和日本人打交道，理所当然地，那位学日语的年轻人也就经常在公开场合露面。一时间，他在单位里的口碑好于那位英语翻译。

英语翻译坐不住了，照此下去，他肯定会处于劣势，失去很好的晋升机会。于是，他决定凭着大学时选修过日语的基础，暗暗学习日语，准备超越对手。

为了不让别人知道，他学日语是在暗中进行的。他几乎把业余时间都花在了日语的学习上。

几年过去了，他拥有了一张日语等级证书。他开始尝试着与日商进行会话，帮助营销员处理一些日文的翻译任务。

同事们对他掌握了两门语言十分佩服，他自己也颇有成就感。但是，就在他自我感觉良好的时候，他翻译的一份与澳大利亚商人签订的贸易合同在关键词汇上失误，给公司造成10万美元的损失。虽然事后公司通过谈判，挽回了部分损失，但公司董事长为此十分震怒。

他也十分内疚。反省再三，他醒悟过来，这些年只顾着学习日语，早已疏忽了对英语词汇的充实和温习，错误的发生其实是不可避免的。

他在自己的专业上败下阵来，而他的日语即使苦学几载，也无法达到对手的水平。他悔之不及。

许多时候，人们总是羡慕别人所拥有的能力，却对自己的优势视而不见。殊不知，在你轻易抛弃自己明显的优势去追寻其他方面之后，如果发现它并不完全适合自己，到头来，有可能连自己的优势也丢失殆尽了。

人只有在自己最有优势的方面不懈努力，才能成功。所以，明白自己的优势在哪里、懂得扬长避短是很重要的。

你知道自己最大的优势是什么吗？如果还没有找到，那从现在起，发现你的优势！

不论境况如何，你都不会一无是处。你要明白，人总有缺点，总有自己擅长与不擅长的，就像梵·高各方面都很平庸，但在绘画方面却是个天才；爱因斯坦当不了一个好学生，却可以提出相对论；柯南道尔作为医生并不出名，写小说却名扬天下……

每个人都有自己的特长和天赋，只要找到自己擅长的某一方面，多下些功夫，让它变得很突出、很优秀，你就会获得意想不到的回报。人只有专注于自己有天赋的领域才能获得最大的成功。而在不擅长的方面，你花再多的时间，下再多的功夫，也只是徒劳。就像有句俗语说的那样：“别教猪唱歌。你白费工夫，猪还不高兴。”

揣在兜里的剪子

如果一个人能把手中的活做精，随时都能够应对工作范围内可能发生的意料之外的事，一般是不会“下课”的，因为别人的需要就是自己生存的最好条件。成功的人不仅能把自己的工作做到位，还善于补位。

在一次项目完工的剪彩仪式上，项目经理代表其所在的分公司邀请了总公司五位领导前来剪彩。五位领导被请上台后，项目经理突然发现台下还有一位相当级别的老领导也来了，于是硬把这位老领导拉上了台，让他一起剪彩。

下面的员工看在眼里，急在心里，眼看就要出洋相了。说时迟，那时快，只见分公司办公室主任迅速地从大衣口袋里拿出一把剪子递了上去。六位领导一字排开，喜气洋洋地剪完了彩。

一位老员工在惊讶之余，对眼前这位年轻的办公室主任所表现出的有条不紊和周到细致敬佩得五体投地，随即问道：“你怎么知道经理还会叫一个人上去剪彩呢？”

“你还别说，如果经理再叫一个，我这边口袋还装着一把剪刀呢。”办公室主任轻松地回答道。

计划赶不上变化，所有未发生的事情都具有很强的不确定性，随时都可能出现新的状况，这就要求置身于职场中的我们不但要把自己的工作做到位，还要善于补位。对待自己分内的工作，尽量想得周全一点，提前做好突发状况的应急准备。

赵殊是某知名外企的总经理助理，在这个岗位上她已经干了整整三年，拥有令人羡慕的可观收入。对于这份光鲜亮丽的工作和数额不菲的工资，赵殊绝对受之无愧。如果你不服，请看下面这个故事。

有一次，总经理作为发言嘉宾出席一个很重要的商务会议。在头天下午下班的时候，赵殊就把写好的发言稿交了上去。可再谨慎的人也有疏忽的时候，总经理也不例外。临上台时，这位一向做事严谨的老先生竟然找不着发言稿了！衣服口袋、公文包里里外外都被翻了个遍，依然不见稿子的踪影。

“估计是早上换了衣服，落在家里了。”总经理突然想起自己吃早餐的时候不小心洒在衣服上一滴牛奶，只好换了衣服。

就在不远处的赵殊看到上司慌乱的动作，赶忙上前询问原因。“发言稿被我落家里了。”总经理耸耸肩，一脸无奈地说道。赵殊什么也没说，像变戏法似的从自己随身带的文件夹里取出一份发言稿递了过去。总经理喜笑颜开，冲赵殊竖起了大拇指。

任何时候，我们都需要扪心自问：自己是否有补位意识？是否善于补位？如果你的回答不是特别肯定的话，那么，你就必须改变自己的工作态度，改进自己的工作方法，让自己成为一个让别人离不开的人。

缺什么，补什么

现在的职场藏龙卧虎、新人辈出，千万不要认为，自己打拼一段时间之后，就有了“老本”，要清楚地知道，在竞争激烈的当下是没有老本可吃的。那么，如何让自己更具市场价值、增加获取优厚薪资和晋升机会的筹码呢?

在回答这个问题之前，我们先来看一则在职场中颇为流行的寓言：

静谧的非洲草原上，夕阳西下。这时，一只狮子在沉思：当明天太阳升起的时候，我要拼命地奔跑，以追上跑得最快的羚羊。与此同时，一只羚羊也在琢磨：当明天太阳升起的时候，我要拼命地奔跑，以逃脱跑得最快的狮子。

答案已经很明了了——像奔跑的狮子和羚羊那样，走出公司，走进课堂，为自己充电加油。

食疗理论认为，缺什么吃什么，吃什么补什么，滥吃一气什么也补不了，充电同样如此。所以，在我们迈出充电步伐之前，不妨先静下心来想一想，自己打算补充的，到底是不是个人发展、公司发展所需要的。因为每个人的发展目标和所处的职业阶段均不同，如何充电真得细细思量，切忌弄巧成拙，掉进充电误区，好事反成了坏事。

高展是一家仪器公司的推销员，他很注重提升自己各方面的能力，经常参加各式各样的培训班。市场上流行什么，什么证书最吃香，他就学什么，拿了一大堆的证书。怀揣着这些被他视为“战备粮”的各色证书，高展信心满满地认为，自己似乎什么都能干，竞争力比谁都强。

可是他却忽略了一件事，那就是在这些证书中，没有一个和公司的销售工作有关。相反，由于忙着考证书，牵扯了他太多的精力，导致他的销售业绩不断下滑。在公司组织的一次阶段性考核中，面对考官，高展居然连所销售仪器的一些基本性能都回答不出来。最终，公司以高展长时间没有做出任何业绩为由，辞退了他。

在这之后，高展拿着他的一大堆证书应聘了好几个不同种类的职位。对方公司在看到他的简历之初，对于上面罗列的一系列证书很感兴趣。可是再一深问，发现高展对于所应聘的专业只是一知半解，说不懂又懂一点，可是说深了又不知其所以然。到最后，没有一家公司肯聘用高展。

东奔西走了一个月之后，高展只找到了一份超市促销员的工作。转了一大圈，依然是做销售，可是待遇却远远不及先前的那家仪器公司。

很多人都有这样的想法，就是“多一个证书没坏处”，不管自己需不需要，先学完拿了证书再说。其实这是一个方向性错误，这样的充电对个人来说，不仅是金钱、时间、精神上的浪费，更会把自己的职业观念引入歧路。

一方面，它会增长你“家有粮，心不慌”的自以为是的错误念头。你会觉得自己是个“通才”，干什么都不在话下，但自己到底最擅长什么，最适合哪行，却说不清楚。

另一方面，招聘单位在看到你的一大堆不成体系的培训证书后，会认为你缺乏明确的职业发展目标，选择能力欠佳，从而影响你的顺利就业。

所以，在充电之前，我们有必要对自己做一个正确而全面的自我分析。先了解自己的兴趣特长，再有的放矢，有选择性地进行进修，使所学与自己的职业发展相匹配。正如海尔集团培训工作原则所说：干什么学什么，缺什么补什么，急用先学，立竿见影。千万不要一味求量，而忽视了质。

方向不对，越努力越失败

有一个名叫张梦金的人养了一只青蛙。一天，张梦金灵机一动，对青蛙说："我们就要发财了，我将教会你飞！"

"等一等，我不会飞呀！我是一只青蛙，而不是一只麻雀！"

张梦金非常失望："你这种消极态度确实是一个大问题。我要为你报一个培训班。"

于是青蛙就上了三天培训班。它学习了战略制定、时间管理以及高效沟通等课程，但关于飞行方面却什么也没有学。学完后，张梦金开始让青蛙练习飞行。

第一天飞行训练，张梦金异常兴奋，青蛙却很害怕。可怜的青蛙请求张梦金考虑一下自己的性命，但是张梦金根本听不进去："这只青蛙根本就不理解青蛙会飞的意义，更看不到我的宏图大略。"说完，他就毫不犹豫地打开第一层楼的窗户，把青蛙扔了出去。

第二天，准备第二次飞行训练的时候，青蛙再次恳求张梦金不要把自己扔出去。但是，只听见啪的一声，青蛙又被扔了出去。

第三天，第四天，第五天，第六天，尽管青蛙努力训练飞行，但是依然毫无进展。到了第七天，青蛙瞄着楼下的一块石头跳下去，结果摔得像一片叶子一样瘪。

现在，张梦金开始分析整个事件的过程了。经过仔细的思考，他笑了："下次，我找一只聪明的青蛙不就行了嘛！"

作为管理者，最重要的就是选对方向。方向错了，你的计划再严密、员工再努力、远景再美好，也是枉然。像张梦金这样，失败之后不反思自己荒唐的战略选择，反而责怪青蛙不够聪明，实在是荒唐!

要知道，方向远比距离更重要。成功与否不在于你有多么宏伟的蓝图，而在于你是否选择了正确的方向。方向错了，付出再多的努力只怕也是空欢喜一场，就像阿里巴巴的马云说的："成功还需要选择好正确的方向，如果方向选错了，你做得越好，死得越快。"

所以，出发之前，要先想好目的地。着手努力之前，先看清楚目标。否则，埋头苦干的结果，很可能白忙一场。不要到接近完成的阶段时，才发现眼前的目标并不是自己真正想要的。就像有人一旦陷入爱情，就千方百计研究谈恋爱的方法，注重穿着打扮，搜集杂志上刊登的最佳约会地点的资料，甚至钻研一些"偷心"的小技巧。可是，到头来这段爱情一去不回。原来，他一开始就找错对象、爱错人了。

此外，在方向选对了之后，还要注意避免在一些琐事上耗费大量的时间与精力。有些人会把不值得做的事一直做下去，于是一项简单的活动便逐渐演变成必然要做的事情。

人们在不值得做的事上投入太多的精力和时间后，就会产生这么一种感觉："应该坚持下去，已经做这么久了。"这就像有的人明明不喜欢自己的恋人，却还是要在一起。因为在一起久了，习惯使人不愿再做别的选择。但最终，一个人要为自己做了不值得做的事付出代价。这件事情越大，代价也就越大。

所以，明智的选择应该是集中精力做重要的事。那些不值得做的琐事，只会浪费你宝贵的精力，还让你误以为自己完成了某些事情，结果得到的可能仅仅是一丝自我安慰和虚幻的满足感。当梦醒后，你会发现该做的事一件都没有做，而自己却已疲惫不堪。

给良好的撤退颁奖

有一首形容农夫插秧的诗："手把青秧插满田，低头便见水中天。身心清净方为道，退步原来是向前。"的确，一时的退让是为了更好地前进。人生的道路上障碍重重，有时前面是险坑，有时前面是高墙，如果只知道不顾一切向前的话，就会跌落险坑摔得粉身碎骨，撞上高墙碰得鼻青脸肿。因此，懂得以退为进，转个弯，绕个路，就会发现世界还有其他更宽广的空间。

以退为进、欲擒故纵在战争中经常可以见到，我们就以军事斗争为例。进攻太急反而会激起敌人的疯狂反扑，增加取胜的代价。这时我们可以有意让敌方逃走，紧紧地跟在逃敌之后，不要逼近他们，等到他们累得没有气力、斗志逐渐磨灭、战斗力削弱的时候，再一举将其全歼。这样就可以取得战争的最大胜利。

"欲擒故纵"的绝妙战例是诸葛亮的七擒孟获。

蜀国建立之后，便定下北伐大计。当时西南夷酋长孟获率10万大军侵犯蜀国，诸葛亮为了解除北伐的后顾之忧，决定亲自率兵降服孟获。蜀军主力到达泸水附近，先在山谷中埋下伏兵，诱敌出战，将孟获诱入伏击圈内，使之兵败被擒。可是诸葛亮决定对孟获采取“攻心”战，断然释放孟获。孟获表示下次定能击败蜀军，诸葛亮则笑而不答。

孟获回营后，决定固守泸水南岸，阻止蜀军渡河。诸葛亮乘敌不备，在敌人不设防的下游偷渡成功，并袭击了孟获的粮仓。孟获暴怒，要严惩将士，激起了将士的反抗。于是，将士们相约起义，趁孟获不备，将孟获绑赴蜀营。诸葛亮见孟获仍不服气，就再次把他释放。

孟获又用了许多计谋，但都被诸葛亮一一识破。孟获后来又有四次被擒，但诸葛亮都放了他。最后，诸葛亮火烧了孟获的藤甲兵，第七次擒住孟获。孟获终于感动了，他真诚地感谢诸葛亮七次不杀之恩，誓不再反。从此，蜀国西南安定了，诸葛亮彻底消除了后顾之忧，全力举兵北伐。

诸葛亮在第一次诱擒孟获后，擒拿敌军主帅的目的已经达到，敌军在短时间内也不会有很强的战斗力了。此时如果乘胜追击，便可大破敌军。但是诸葛亮考虑到孟获在西南各部落中的威望很高，影响很大，只有让他心悦诚服、主动请降，才能使南方真正稳定。如若不然，南方的少数民族部落是不会停止侵扰的，那蜀国的后方就难以安定。因此，诸葛亮才一次次不辞劳苦地擒拿孟获，因为他要获得的不只是一个西南夷酋长孟获，而是整个蜀国后方的安定。

所以说，退让是为了更好地前进，良好的撤退应和伟大的胜利一样受到奖赏。

另外，主动退让不仅可以缓解当时的压力、困难，还可以为自己积蓄能量。引擎利用后退的力量，反而会引发更大的动能；空气经过压缩，反而更具爆破的威力。很多时候，我们要想成就一件事情，必须低头匍匐前进。可惜多数情况下，我们都错误地认为“撤退”就意味着承认错误或接受失败。

一位在海南搞房地产发财的成功人士，1996 年来到一座大城市，想在此创设一家占地约 3000 平方米的大商场。正当他找好土地，付了定金准备大干时，亚洲金融危机开始了。面对这种情形，他果断决定此项目立刻下马，虽然损失了几十万元，却避免了更大的损失。他的决定是对的，1997 年以后已有好几家大商场倒闭了。

该放手时就放手，不可陷得太深。须知有退才有进，“留得青山在，不怕没柴烧”。

聪明人的成功之路一定是弯的

一只蝴蝶从敞开的窗户飞进来，在房间里一圈又一圈地飞舞，有些惊慌失措。显然，它迷路了。左冲右突努力了好多次，它都没有飞出房子。这只蝴蝶之所以无法从原路飞出去，是因为它总在房间的顶部寻找出路，不肯往低处飞，低一点的位置就有敞开着的窗户。最后，这只不肯低飞一点的蝴蝶耗尽了气力，奄奄一息地落在桌子上，就像一片毫无生气的叶子。

成群结队的马嘉鱼要比那只蝴蝶更死板，简直就是一条道走到黑。

马嘉鱼很漂亮，银肤燕尾大眼睛，平时生活在深海中，春夏之交溯流产卵，随着海潮漂游到浅海。渔人捕捉马嘉鱼的方法很简单：将一个竹帘下端系上铁坠，放入水中，由两只小艇拖着，拦截鱼群。马嘉鱼的“个性”很强，不会转弯，即使闯入罗网之中也会不停地游动，所以一只只“前赴后继”陷入竹帘孔中，帘孔随之紧缩。孔愈紧，马嘉鱼愈激动，瞪起眼睛，张开脊鳍，更加拼命往前冲，结果被牢牢卡死，被渔人捕获。

在人生道路上，像马嘉鱼那样一条道走到黑、不知拐弯、不知变通的人到处都是。如果前面有堵墙，你是拐个弯绕过去还是非要跟它较劲，把自己撞得头破血流呢？相信每个人都会说："当然是绕过去了，谁那么傻啊？"可是现实生活中却有很多人在犯这样的错误，明知道这种方法不行，这条道走不通，这份感情没有结果，却仍然不肯拐弯，最后只能是把自己弄得伤痕累累。

要知道，固执地在有障碍的地方寻求通达是十分愚蠢的，不仅白费工夫，还耽误事情。水在流动时，如果遇到硬物阻挡则绕道而行。聪明人做事也当如此，此处有障碍就在别处通行，东方不亮西方亮，只要我们拐个弯，完全会出现柳暗花明又一村的无限风光。

树挪死，人挪活

很多鸟是要不停地换窝的，哪里的树枝高就在哪里安家。很多野兽也是需要不停地迁徙的，它们在不断迁徙中表现出了惊人的适应能力。人类的适应能力并不比动物差，不要总固守着自己的那一小块天空，舍弃不下熟悉的环境和所谓的“安稳”。

正所谓“流动才有活力”，很难想象一个安于现状的年轻人能够有大的突破，有高的成就。在竞争普遍存在的今天，如果还以为一辈子的安稳就是安乐窝的话，那你迟早要被社会淘汰。如果有人现在就做好了一辈子的打算，那么请他告诉我，除了棺材他还需要什么？

再问一句，知道恐龙是怎么灭绝的吗？饿死的。因为它偏食，因为它不肯改变。所以，你应该保持运动的状态，这样才能对社会的变动保持敏感的反应。只有那些学习“鲤鱼跃龙门”，敢于打破自己旧的生活状态的人才能拥有更加广阔的发展空间。

正如人们通常所说，“树挪死，人挪活”，跳出原先的“槽”，你才能开阔视野，学到新的技能，增长才干，找到更为理想的岗位。当然，跳槽忌频繁。你要根据自己的实力和条件来选择。

有一个女孩，只有中专学历。进了某广告设计公司后，干了一阵子，觉得待遇太低，工作环境也不尽如人意，就跳槽走了。到了另一家公司，虽然报酬较高，但常常要加班加点，老板对员工也不关心。干了不久，这个女孩再次离去。此时，她没有急于找工作，而是忙于充电，学完了大学课程，再去应聘。由于调整了心态，又有真才实学，很快，她就被一家外资公司选中。

所以，一个人想要成功，想要在事业上有所建树的话，就不能在一棵树上吊死。你要学会根据自己的条件和优势，不断调整自己来适应周围的环境。

省略过程也就省略了精彩

一位富商临终前，把他的四个孩子叫到了自己的床前。他看见窗外的广场上有一群孩子在捉蜻蜓，便对四个未成年的儿子说：“你们到那儿给我捉几只蜻蜓来吧，我许多年没见过蜻蜓了。”

不一会儿，大儿子就带了一只蜻蜓回来。富商问大儿子怎么这么快就捉了一只。大儿子说：“我是用你送给我的遥控赛车换来的。”富商点点头。

又过了一会儿，二儿子也回来了，他带回来两只蜻蜓。富商问：“你这么快就捉了两只蜻蜓？”二儿子说：“我把你送给我的遥控赛车租给了一位小朋友，他给我三分钱，这两只是我用两分钱向另一位有蜻蜓的小朋友买来的。爸爸，你看这是剩余的一分钱。”富商微笑着点点头。

不久，老三也回来了，他带来了十只蜻蜓。富商问他如何捉了这么多的蜻蜓。三儿子说：“我把你送给我的遥控赛车放在广场上，谁要玩赛车只要交一只蜻蜓就可以了。要不是怕你着急，我至少可以收到 18 只蜻蜓。”富商拍了拍三儿子的头。

最后到来的是最小的儿子。他满头大汗，两手空空，衣服上沾满了尘土。富商问："孩子，你怎么搞的？"四儿子说："我捉了半天也没捉到一只。那些蜻蜓好可爱，飞得那么高，我蹦起来都捉不到它们。不过，有好几次我差点抓住了！"儿子眉飞色舞地讲述着，似乎还沉浸在捉蜻蜓的快乐中。富商笑了，笑得满眼是泪，他摸着四儿子挂满汗珠的脸蛋，把他搂在了怀里。

第二天，富商死了，他的孩子在床头发现了一张小纸条，上面写着："孩子们，我并不需要蜻蜓，我需要的是你们捉蜻蜓时的快乐。"

事情的结果尽管重要，但是做事情的过程更加重要，因为省略了过程也就省略了精彩。人生重在体验，正是过程使我们的生命充实。

在人生这段旅途上，走直路省时又省力，方便又快捷，然而，总会错过许多风景，留下太多的遗憾。如果你总是以结果为导向，头也不抬地从捷径上急匆匆地奔赴目的地，最后也许会后悔忽略了这一路上美好的风景。过程的精彩有时远比目标的达成更让人兴奋。

选择比努力重要，少走弯路才是最快的捷径

Chapter 6

今天的生活来自昔日的选择
面临重大选择时，学会倾听自己的声音
做出选择，任何时候都不晚
生活的悲剧是在错的地方找东西
学会选择，懂得放弃
我们都活在风险之中，你往哪里逃?
把控你的机会成本
做好人生的第一次选择

今天的生活来自昔日的选择

有一个北京人，1984 年为了圆出国梦，卖了鼓楼大街的四合院，凑了 30 万，背井离乡到意大利淘金。他风餐露宿，大雪天送外卖，夜半学外语，在贫民区被抢 7 次被打 3 次，辛苦节俭，如今已两鬓苍苍。30 年了，他终于攒下 100 万欧元，打算回国养老享受荣华。一回北京，他发现当年卖掉的四合院现在中介挂牌 8000 万，刹那间崩溃了……

所以说，什么样的选择决定什么样的生活，有时候选择比努力更重要。今天的生活是由我们之前的选择决定的，而今天我们的选择又将决定以后的生活。

戴维 19 岁那年，在美国休斯敦航空航天局的宇宙飞船实验室里工作，同时在航空航天局旁边的休斯敦大学主修计算机。他整日奔忙于学校、实验室与宿舍之间，只要稍有空闲，就会把时间用在自己的音乐创作上。

写歌词不是戴维的专长，因此他四处寻找一位善写歌词的搭档与他一起联手创作。后来，戴维认识了瓦莱丽。她是一位聪慧漂亮的女孩子，在戴维的事业刚刚起步时，给了他很大的鼓励。

年仅19岁的瓦莱丽在得州的诗歌比赛中，得过很多奖牌。她写的东西总是让戴维爱不释手。此后，他们合作写了许多很好的作品。一直到今天，戴维仍然认为这些作品充满了特色与创意。

然而，面对那遥远的音乐界及整个美国陌生的唱片市场，他们一点渠道都没有。在一个星期六，瓦莱丽热情地邀请戴维到她家的牧场吃烤肉。那天，他们两个人坐在得州的乡下，完全不知道下一步该如何走。

突然间，瓦莱丽冒出了一句话："想象一下三年后你在做什么？"戴维愣了一下。瓦莱丽转过身来，对戴维说："嘿！告诉我，你最希望三年后自己在做什么，生活是什么样子？"

戴维还来不及回答，瓦莱丽又抢着说："别急，你先仔细想想，完全想好，确定后再说出来。"戴维沉思了几分钟后，告诉她："第一，我希望三年后市场上能有一张我的唱片，而这张唱片很受欢迎，得到许多人的肯定；第二，我住在一个有很多音乐人的地方，能天天与世界一流的乐师一起工作。"

瓦莱丽说："好。如果第三年，市场上有你的唱片，那么在第二年半的时候，你一定要跟一家唱片公司签订合约。

"那么第二年一定要有一个完整的作品，可以拿给唱片公司听，对不对?

"那么你在一年半后，一定要有很棒的作品开始录音了。

“也就是说，第一年，就一定要把你所有准备录音的作品全部编曲，排练就位。

“那么前六个月，你就要把那些没有完成的作品修饰好，逐一筛选。

“那么第一个月，你就要把目前这几首曲子完工。

“第一个礼拜，你就要先列出一个清单，指出哪些曲子需要修改，哪些需要完工。

“好了，我们现在不就已经知道下个星期一要做什么了吗？”瓦莱丽微笑着说。

“哦，对了！你还说三年后，要生活在一个有很多音乐人的地方，与许多一流的乐师一起工作，对吗？”她急忙地补充说，“那么，你在第二年半时应该有自己的工作室或录音室。那么第二年，你就不是住在得州，而是已经住在纽约或洛杉矶了。”

瓦莱丽的一席话，让戴维真切地感觉到时间就像高高扬起的皮鞭，让他不得不奋力向目标靠拢。

次年，戴维辞掉了令许多人羡慕的航空航天局的工作，离开了休斯敦，搬到洛杉矶。

差不多在第四年的时候，戴维的唱片开始畅销起来，他的名字也迅速被人们熟知。他也确实天天与业内顶尖的音乐高手一起工作。

戴维实现了自己的目标，你呢？你的选择又是什么？其实，我们每个人都需要这样的提问。在困惑的时候，在感觉不知如何走下去的时候，不妨静下心来问问自己：“若干年后你最希望看到自己在做什么？”这样，你就会找到行动的方向，感到时间的紧迫。

今天的选择决定了我们以后的生活。任何成功都需要我们从现在开始有计划地工作，不要等到若干年后，空有无谓的叹息。

面临重大选择时，学会倾听自己的声音

很多人在面临重大选择的时候，往往茫然不知所措。他们询问朋友、家人，希望得到别人的建议，又或者去看别人在做什么供自己参考，最后却常常身陷选择的烦恼，左右为难，犹豫不决。其实，在做重大选择时，不用做利弊分析，不用考虑其他的客观因素，最简单的办法就是静下来，倾听自己内心深处的声音——摒弃杂念，将自己脑海中浮现的想法全部记录下来。然后，你就知道自己要的究竟是什么了。

你也许要说："那些选择很重要，关系到我的一生，哪有这么容易决定呢？"但是，事实证明，倾听自己内心的选择往往是对的。李开复博士在做选择时，就善于倾听自己内心的声音。

李开复原来在卡内基·梅隆大学教书。虽然有幸任教于世界顶尖的计算机系，但他认为这个工作对社会的价值并不那么直接。李开复内心希望去做一些对社会直接有益的事。所以，当苹果公司的一位副总裁对他说"你要选择终身写些没有人读得懂的论文，还是改变世界"时，李开复毫不犹豫地选择了"改变世界"。就这样，

他加入了苹果公司。

在李开复看来，内心深处的价值观、理想和兴趣最能帮助你做出正确的选择。它们共同构成了我们内心深处最真实的声音，是最重要、最精确的判断依据。

如何才能找到自己的“真心”呢？李开复有一个特别的方法，那就是“报纸头条测试法”。李开复在给学生们做的《选择的智慧》讲座上曾详细介绍过这个方法。“所谓‘报纸头条测试法’，就是在事后想一想：明天，如果在一份你的亲朋好友都会阅读的报纸上，你做的事被刊登为头条新闻，你会不会因此而感到羞愧？会不会无法面对自己的良心？如果不会，你做的事才对得起你自己的价值观。”

为了让学生们更形象地了解这一方法，李开复还举了一个他自己的真实例子。

我在苹果公司工作时遇到了公司裁员，当时我必须从两个员工中裁掉一位。第一位员工毕业于卡内基·梅隆大学，是我的师兄。他十多年前写的论文非常出色，但加入公司后很是孤僻、固执，而且工作不努力，没有太多业绩可言。他知道面临危机后就请我们共同的老师提出，希望我顾念同窗之谊，放他一马。

另一位是刚加入公司两个月的新员工，还没有时间表现，但他应该是一位有潜力的员工。

我内心里的“公正”和“负责”的价值观告诉我应该裁掉师兄，但是我的“怜悯心”和“知恩图报”的观念却告诉我应该留下师兄，裁掉那位新员工。

于是，我为自己做了“报纸测试”。在明天的报纸上，我希望看到下面哪一个头条消息呢?

（1）徇私的李开复，裁掉了无辜的员工；

（2）冷酷的李开复，裁掉了同窗的师兄。

虽然我极不愿意看到这两个“头条消息”中的任何一条，但相比之下，前者给我的打击更大，因为它违背了我最基本的诚信原则。如果违背了诚信原则，那么我既没有颜面见公司的领导，也没有资格再做职业经理人了。

于是，我裁掉了师兄，然后告诉他，今后如果有任何需要我的地方，我都会尽力帮忙。

显然，这对谁来说都是一个两难的选择，但是，“公正”和“负责”的价值观对李开复无疑更为重要。最终他听从了内心的决定，因此能够面对自己的良心。

虽然每个人的价值观、理想和兴趣都不相同，但只要你能够静下心来，认真倾听自己内心深处的声音，就能做出最好的选择。

做出选择，任何时候都不晚

人生就是一个不停地做选择题的过程。A 还是 B 的选择、取舍时刻伴随着人们。从每天早上起来要穿哪一套衣服出门开始，你就在选择。因为你总不能光着屁股走出去吧——光着屁股走出去也可以是你的选择。走哪条路上班，中午要去哪里吃饭，你都在选择……

女孩子有众多的追求者，到底哪一位男士比较适合自己，需要选择；而男生找工作时也会从多家企业中选择。以上所说的选择有大有小，但每日、每月的选择，日积月累的影响不可低估。

选择了这个，同时也就意味着放弃了那个，不同的选择最终形成了不同的人生。研究成功学的学者们发现，很多人的成功或失败并不取决于懂不懂什么才是最好的成功方法，而在于选择和决定。

一个选择对了，又一个选择对了，不断地做出对的选择，到最后便产生了成功的结果。一个选择错了，又一个选择错了，不断地做出错的选择，到最后便产生了失败的结果。若想拥有成功的人生，我们必须减少做错误选择的风险，降低做出错误选择的概率。这就必须预先明确你想要的结果是什么，这本身又是一个选择。

我们举个例子吧，有很多人喜欢在休闲的时候打麻将。其实打麻将就是按照麻将的游戏规则，不断地做出各式各样的选择。做出对的选择的人一般是赢钱的人，做出错误选择的人便成为输钱的人。

大家必须明白，人生中的任何结果都是自己的选择。有的人希望工作更顺利、更快乐，却总是在做自己不喜欢的工作。这是他的选择，因为他明明可以换工作。有的人希望身体更健康、更强壮，却总是说自己没有时间运动，导致身体虚弱。这也是他的选择，因为他明明可以抽出时间来运动。

有的人希望家庭更幸福、小孩更听话，却总是跟太太吵架，对小孩的学业不管不问。这也是他的选择，因为他明明可以控制情绪或花时间教育小孩，但他不去做。有的人希望人际关系更好，却总是说自己朋友少。这也是他的选择，因为他本可以多交一些朋友，但他不去交。有的人希望赚更多钱，却总是抱怨收入不够多。他明明可以更努力地赚钱，但他没有，这仍然是他自己的选择。

成功也是一种选择，因为你选择了奋斗，选择了坚持。而不做这个选择便是选择失败，所以失败也是一种选择。现在，不妨来做几个选择题：你到底是要成功还是要失败？要快乐还是要悲伤？要富裕还是要贫穷？一旦做出选择，你的人生就开始改变。

也许你会问：“不做选择可以吗？”其实你已经选择了平淡无奇的一生，因为你原本可以选择光辉灿烂的一生。

生活的悲剧是在错的地方找东西

夜晚，一个人在房间里四处搜索着什么。有人问道："你在寻找什么呢？"

"我丢了一个金币。"他回答。

"你把它丢在房间的中间，还是墙边？"

"都不是。我把它丢在房间外面的草地上了。"

"那你为什么不到外面去找呢？"

"因为那里没有灯光。"

你一定觉得这个寻找金币的人很可笑，不是吗？他的行为类似于"刻舟求剑"，花了力气，却什么也得不到，得不偿失！然而，我们在生活中常常会看到，有些人每天都在错误的地方寻找他们想要的东西。

有人在邪恶上寻找勇敢，而这种寻找最终会让他头破血流；有人在谎言中寻找安慰，而这种寻找只能让他堕落；有人想从吝啬者身上得到慷慨，最终将一无所获；有人想在薄情寡义者身上寻找爱情，却落得伤痕累累；还有太多的人想从药物、酒精或者感官的兴奋中找到安宁与快乐，最终将遭受灭顶之灾。

不要在错的地方找东西，那样只是在浪费你宝贵的精力和时间，甚至有可能以悲剧收场。事业的悲剧、爱情的悲剧、人生的悲剧，都是因为在错误的地方寻找想得到的东西。

若要有所收获，必须选择正确的目标。正如一个想找到金矿的采矿者，如果他认为在海滩上挖掘更容易，就在海滩上寻找金子的话，那么找到的肯定只是一堆堆的沙土。他必须在坚硬的石头和泥土当中挖掘，才能找到想要的宝藏。

不要在错的地方找东西，不要选择错误的方向。这些话说来简单，可实际生活中，与此背道而驰的事情可能每天都在上演。让我们来看看著名心理学家李恕信在《潇洒的母亲》中讲述的故事。

有一个小女孩正趴在窗台上，忧伤地看着窗外的叔叔正在埋葬她心爱的小狗。她泪流满面。爷爷看到了，连忙引着她到另外一个窗口，让她欣赏他种的玫瑰。果然，小女孩停止了哭泣，脸上的愁云一扫而空，心情也顿时明朗了起来。老人家托起小孙女的下巴说："乖孩子，你开错窗户了……"

在人生的旅途中，我们是不是常常也会开错窗呢？开错了窗，会使本来美好的事物渐渐变得黯淡无光，会使朋友间纯美的友谊荡然无存，会使恋人间的情感出现裂痕……因此，我们做任何事情的时候，都要认真想想：我找对地方，找对方向了吗？

学会选择，懂得放弃

从前有一个商人背着一包银子外出做生意，路上不幸被歹徒盯上了。那几个歹徒见他腰缠万贯，便贪婪地追了上来。于是商人加快了步伐，不久来到了一条大河边。河水很急，根本游不过去，河上连一座桥也没有，更没有船。商人急中生智，趁歹徒们不注意，爬到一棵大树上躲了起来。歹徒找不到商人，转了几圈就走了。

等歹徒走后，商人从树上跳下来，想到歹徒们不会死心，必定会再追上来，于是就从旁边竹林里砍来竹子，做了一只竹筏，到了河对岸。不久，那些歹徒果然不死心又追了上来。可是这时候，商人已经到了河对岸，安全地从危机中逃了出来。

到了河对岸，商人对以前发生的事仍然心有余悸。他想：“如果不是这个竹筏，恐怕现在我的性命也难保了，这个竹筏对我来说实在是太重要了！”于是商人就把这个竹筏背在身上，继续向前走。可是竹筏太重了，他背着走路十分困难，一天走不了多少路。三天以后，那些歹徒渡过河追上来抓住了商人。原来歹徒们仍放不下那些银子，也做了竹筏，渡河过来追赶他。

可怜的商人在被抓住的时候，感叹道：“竹筏救我，竹筏亦害我！”

许多时候，人们紧紧抓住自己已有的东西，舍不得放弃，却没有看到形势的变化，最终反而被原有的东西所累。其实，有舍才有得。举个例子吧，假如你拥有六个苹果，你可以选择把六个苹果全都吃掉。但如果你把六个苹果中的五个拿出来分给别人吃，尽管表面上你丢了五个苹果，实际上却得到了其他五个人的友情或好感。

而当别人有了水果的时候，也一定会和你分享。你会从这个人手里得到一个橘子，那个人手里得到一个梨，最后你可能会得到六种不同的水果、六种不同的味道、六种不同的颜色、六个人的友谊。人一定要学会用你拥有的东西去换取对你来说更加重要的东西。

所以说，放弃是一种智慧。只有懂得放弃的人才能获得成功。

有一个青年非常羡慕一位富翁取得的成就，于是跑到富翁那里询问成功的诀窍。富翁弄清楚了青年的来意后，什么也没有说，而是转身从厨房拿来了一个大西瓜。青年有些迷惑，不知道富翁要做什么，睁大眼睛看着。只见富翁把西瓜切成了大小不等的三块。

“如果每块西瓜代表一定的利益，你会如何选择呢？”富翁一边说一边把西瓜放在青年面前。

“当然选择最大的那块！”青年毫不犹豫地回答。

富翁笑了笑说：“那好，请用吧！”

于是富翁把最大的那块西瓜递给了青年，自己吃起了最小的那块。当青年还在津津有味地享用那块最大的西瓜时，富翁已经吃完了最小的那一块。接着，富翁很得意地拿起了剩下的一块，还故意在青年眼前晃了晃，然后大口吃了起来。

其实，那块最小的和最后那块加起来要比最大的那块分量大得多。青年马上就明白了富翁的意思：富翁开始吃的那块西瓜虽然没有自己吃的那块大，可是最后却比自己吃得多。如果每块西瓜代表一定程度的利益，那么富翁赢得的利益自然要比自己多。

吃完西瓜，富翁讲述了自己的成功经历，最后对青年语重心长地说：“要想成功就要学会放弃，只有放弃眼前的小利益，才能获得长远大利益，这就是我的成功之道。”

每一次放弃都必须是一次升华，否则就不要放弃；每一次选择都必须是一次升华，否则不要选择。最后借用一句马克思的名言：“失去的只是枷锁，而得到的却是整个世界。”

我们都活在风险之中，你往哪里逃？

有个人在海岸上遇见一个水手，交谈起来。

“你为什么会如此热爱大海呢？”他问，“那儿弥漫着雾，而且空气又潮又冷。”

“海上并不是经常有雾，也不总是很冷。有时，海是明亮而美丽的。但在任何天气，我都爱海。”水手说。

“当一个水手不是很危险吗？”他问。

“一个热爱自己工作的人，是不会想到什么危险的。我们家的每一个人都爱海。”水手说。

“你的父亲也是吗？他现在做什么？”他问。

“他是一个水手，已经死了，死在海里。”

“你的祖父呢？”

“死在大西洋里。”

“你的哥哥呢？”

“在印度一条河里游泳时，被一条鳄鱼吞食了。”

“既然如此，”他说，“如果我是你，我就永远不到海里去。”

水手沉默了一会儿，反问道："你愿意告诉我你父亲死在哪儿吗？"

"啊，他在床上断的气。"他说。

"你的祖父呢？"

"也是死在床上。"

"这样说来，按照你的逻辑，如果我是你，"水手说，"我就永远不到床上去。"

在懦夫眼里，到处都有危险。如果因为海上有苦涩的沙和吹痛脸庞的风，有摧枯拉朽的惊涛骇浪，有吃人不眨眼的生猛之物，水手就要放弃大海的话，那每年在马路上丧生的人不胜枚举，我们是不是就要因此拒绝走上街头、蜷缩在家呢？工人施工有危险，城市的建设是不是就要因此而停止呢？喝水有可能会呛死，吃饭有可能被噎死，那我们是不是就不要喝水、不要吃饭呢？

风险可以说无处不在，只有懦弱的人才惧怕风险。那些热爱生活的人总是勇于挑战风险。因为机遇总是潜藏在风险中，唯有高风险才能带来大成就。

把控你的机会成本

帕瓦罗蒂是世界著名的三大男高音之一。当他还很小的时候，他的父亲——一个普通的面包师就发现他很有唱歌的天赋。因此，父亲将他引入音乐的王国，教育他要勤奋努力地开发音乐潜力。与此同时，家乡曼多纳市的一位职业歌手也极力培养帕瓦罗蒂，并且乐意收他为徒。

虽然唱歌是帕瓦罗蒂最大的爱好，但是他没有因此而耽误自己接受基础教育。他同时还在一所师范院校就读。

几年之后，帕瓦罗蒂就要从师范院校毕业了。他的在校成绩十分优异。这个时候的他有些迷茫，只好问父亲："我毕业后是当教师呢，还是做个歌唱家？"

父亲回答说："如果你想同时坐在两把椅子上，可能会从椅子中间掉下去。生活要求你只能选一把椅子，这样才能稳稳当当地坐上去。"

最后，帕瓦罗蒂选中了唱歌这一把椅子。经过七年的努力与失败，他终于有机会登台亮相。又过了七年，他终于获得了到大都会歌剧院演唱的资格。

上帝是公平的，你得到了某样东西，必然要放弃另一些东西，正所谓“鱼和熊掌不可兼得”。对每一个人来说，一天只有 24 小时，一年只有 365 天。你花时间干了这个，就不能干那个。读书了就不能看报；打牌时无法打球；今晚要去官场上应酬，就无法到商场上交易；要想做学问，就得多花工夫读书，你就只能有较少的时间去经商挣钱或开会升官。在这些选择中，都存在着“机会成本”的问题。

“机会成本”又称择机代价或择一成本。它是一个管理经济学中的词语。“你选择做一件事，必然会放弃另外一件，被放弃者能带来的收益就是你的机会成本。”我们可以举个简单的例子来说明：你花时间去学了降妖术，就没有时间去学医术。当你发现降妖术没有给你带来收益的时候，也失去了学习医术的最好时机。你放弃的医术学习能带来的收益，就是你的机会成本。

所以说，每个选择都涉及机会成本。它是每个人在做选择时都不得不考虑的问题。不同的选择意味着机会成本计算方式的不同。

如果你选择了做生意挣钱，那必然要冒风险，四处商谈客户，少了别人的那份安稳悠闲；如果你选择了做学问，那必然要读万卷书，潜心研究，过不了浮华喧闹、灯红酒绿的生活。因为在你得到一件东西的同时，也意味着失去了其他的某件东西。机会永远存在，就看你自己如何取舍。

做好人生的第一次选择

在经济学上有一个“路径依赖”理论，说的是一旦人们做了某种选择，就好比走上了一条不归之路，惯性的力量会使这一选择不断自我强化，并让你轻易走不出去。一个广为流传的例证是：现代铁路两条铁轨之间的标准距离是四英尺又八点五英寸（1 英尺＝ 12 英寸＝ 0.3048 米），为什么采用这个标准呢？

原来，早期的铁路是由造电车的人设计的，而四英尺又八点五英寸正是电车所用的标准。

那么，电车的标准又是从哪里来的呢？

最先造电车的人以前是造马车的，所以电车的标准是沿用马车的轮距标准。

马车又为什么要用这个轮距标准呢？

英国马路两条车辙间的宽度是四英尺又八点五英寸。所以，如果马车用其他轮距，轮子很快就会在英国的老路上撞坏。

那这些辙迹又是从何而来的呢？

原来这些辙迹是从古罗马人那里来的。因为整个欧洲，包括英国的长途老路都是由罗马人为他们的军队铺设的，而四英尺又八点五英寸正是罗马战车的宽度。任何其他轮宽的马车在这些路上行驶的话，轮子的寿命都不会很长。

那么，罗马人为什么以四英尺又八点五英寸作为战车的轮距宽度呢？

原因很简单，这是牵引一辆战车的两匹马屁股的宽度。

故事到此还没有结束。

美国航天飞机燃料箱的两旁有两个火箭推进器。因为这些推进器造好之后要用火车运送，路上又要通过一些隧道，而这些隧道的宽度只比火车轨道宽一点，因此火箭助推器的宽度是由铁轨的宽度决定的。

所以，最后的结论是：美国航天飞机火箭助推器的宽度，竟然是由两千年前两匹马屁股的宽度决定的。

从这个故事中，我们可以看到“路径依赖”的强大影响力。沿着既定的路径继续前行，既可能进入良性循环的轨道，迅速优化；也可能顺着原来错误的路径往下滑，甚至被“锁定”在某种无效率的状态下而导致停滞。而这些选择一旦进入“锁定”状态，想要脱身就会变得十分困难。

对于每一个人而言，人生都是一个不可逆转的过程。受路径依赖的影响，人们过去做出的选择决定了他们现在可能的选择。所以，毕业时的第一次职业选择对每个人来说都是非常重要的。

那如何才能做好毕业时的第一次选择，走好职业生涯的第一步呢？我们来听听前辈是怎么说的。《论职业选择的十大关系》是零点研究咨询集团董事长兼总裁袁岳在《大学生》杂志上写过的一篇文章，现节选在下，供大家参考。

第一大关系："热门"VS"冷门"

……

在热门行业中找工作，一般人会想到，这个行业现在井喷式发展，对人才的需求也一定是井喷式发展。但这个想法可能是错误的，就是因为某个行业很热，所以它对人才的需求反而可能是很冷的。

选择热门行业者要有非常强的竞争力，包括对待热门行业中的冷脸的心理承受能力。很多人在热门行业中可以遇到特殊的机会，比在冷门行业获得更多特殊利益。但是在大多数情况下，热门行业不是适合普通人的选择。相反，冷门行业却可能提供更适合一般人才的机会。

……

冷门行业不是处在"前增长"中，就是处于下坡状态——在走下坡路的情况下，要考虑的是怎样改变眼前的困境；处于前增长的状态，意味着离热不远。所以对很多人才来说，在热门与冷门之间不妨选择冷门。

第二大关系："有名"VS"没名"

通常，人格分为两种，一是内在型人格，另外一种是外在型人格。

内在型人格的特点是做事情主要考虑自己是否舒服，有自我满足的标准；外在型人格就比较愿意选择有普遍影响力的组织作为自己的存身之所。很多在贫困家庭中出生的孩子，积极向上，但爱慕虚荣。爱慕虚荣的表现就是爱到大单位工作。……但是在一个大的单位中，个人是如此渺小，就像我常讲的"王八跟池塘"的理论：大的海龟，感觉自己很大，当它跑到海里去的时候，就小到看不到；而只有海龟三分之一大的龟跑到水池中，就显得很大了。所以人才在适当的小行业中更容易出头。当然在这两者之间没有绝对的好或者不好的区分，要根据个人不同的人格特点来确定。

第三大关系："长期"VS"短期"

很多人选择第一份职业是由很多阴差阳错的原因导致的。所以大家找工作不要很紧张，做好准备，刚工作的三年之内跳三跳找找适合自己的工作。这就像产品，在做市场的时候一般都会选择一两个市场来试验一下，看一下市场反应如何，运营模式有什么问题，之后再决定是否推广。

……

在 23 ~ 28 岁之间跳槽，是很正常的。但当你 29 岁的时候，就要稳定自己的职业发展方向。三十岁之后还是半年换一个工作，还不能稳定自己的职业发展方向，发展前景就很危险。毕竟晚成的大器还是少，人们会认定你是习惯性跳槽——习惯性跳槽涉及一个人的职业品德。想要在一个领域做资深人员，要有职业声望、职业造诣。而职业造诣是要有相当的积累才能培养出来的。

所以我们说短期内的职业调换是为了有更适当的职业定位；而从长期来看，职业的调换是为了使自己找到最合适的位置，调换本身不是目的。

第四大关系："创业"VS"就业"

创业就是自己当自己的老板，就业就是给人家打工，帮人家干活。

现在实际上这两个概念的内涵发生了很大的变化，界限也不是那么明显了。在就业过程中，如果职业声望很高，老板担心你离职，会给你一些股份，让你成为股东。由此可以发现，就业也可以是创业的前奏。创业有时候也跟就业一样，员工可以下班，老板不可以下；员工可以不加班，但是老板必须加班——在这种时候，很多创业的人是在帮就业的人打工。这些是社会进步很重要的表现。

……

创业与就业最大的区别是，创业是寻找资源、创造资源，而就业往往是运用资源。

第五大关系："封闭"VS"开放"

封闭是指专业，开放是指贯通。

做人力资源的人可以发现，有的人才可以同时做很多种工作，而且可以做得很平衡；有的人才，一次只能做一种工作，如果让他同时做两项工作，会导致两项工作都做不好。

……

一个单一的人才，可以在一个领域发展得很好。例如陈景润，他除了数学之外，其他的知识一概不懂，但是他可以在这个单一领域发展成权威。但如果做组织管理方面的工作，则需要更多的开放性层面的人才、精通社会资本经营之道的人才。

第六大关系："国际"VS"国内"

……

有的人比较认同、寻求外国的东西，这没有什么不好，但是转型期的中国社会还是有很多独特的本地人文因素，要在实践中消化揣摩真正适合国人的东西是什么。在有些范围内，中国人的变通能够做好生意；在有些范围内，西方公司的规范化和职业伦理虽然显得有些超前，但是还是代表了一种前瞻性的价值。

一个国际公司很不以为然的MBA留学生，对于一个温州的民营企业主来说就是一个大大的人才；很多有机关经验的人感到习以为常的事情，对于很多保守的美国投资家来说，就是难得的新鲜知识。这是一种交融互动的过程。在社会经验的意义上，这两者都有值得专业人才学习的地方，也有专业人士发展的空间——或许国际机构能提供更多的规范性和安全感，而国内机构可能会提供更多的担当性和兴奋感。

第七大关系：“多学”VS“少学”

在学校里面要多学，工作之后要少学。

在学校可以多学习，了解各种各样的东西，没有人等着你干活；在单位里，老板关心的是你能做什么，而不是你学得好坏。人需要有特定的学习时间，但基本不是在工作中。

……

同时还要注意在用的时候少学习。所谓“少学习”，是说在我们主动学习的时候，由于过分自主，选择的是自己喜好的类别和内容，所以会不断强化自己的偏好，从而使得自己不断说服自己世界上的道理就是这个道理。这样的学习越多，就会越固执。

“少学习”的另一个含义，是不要过于庞杂。各个学科都是有流派的，有些老师把翻译过来各个流派的知识都教给学生，就会导致学生学习的知识不系统，好像练杂耍一样，实际上根本不能配套。被动学习里的多学习和主动学习里的少学习可以使我们兼得扩大见识和强化务实之用。

第八大关系：“管理”VS“被管理”

有些人感到很多名校毕业生当一个普通职员都不合格，但问题是，很多名校的学生认为自己当老板都绰绰有余。

我个人认为，在名校读书最大的优势是增长见识，但是对于学习基本功的本科生来说，在这里读书就不见得是好事了。一些同学分不清学校的荣耀和自己的本事之间的区别，于是出现了一种名校寡德、名校低能的现象。

从管理一个国家到管理一个小公司，最杰出的管理者往往既了解疾苦，又能以超脱的方式进行管理，不陷入其中。如果一个人认为自己天生就是当总经理的材料，通常当不成总经理，团队认同就通不过。

……

第九大关系："个体性"VS"组织性"

在应聘的时候，有些人唯恐面试者不注意他，所以侃侃而谈。很有特点，很有个性，很另类。但是这样的人很可能得不到工作，除非是广告公司招创意人才。

在一个组织选择员工的时候，组织是个集体，它要找的人是要跟这个组织兼容的。一方面它需要你有适度的个性，另一方面它需要你表现出一定的意愿——愿意跟这个组织兼容。

……

第十大关系："兴趣"VS"技能"

一个优秀的职业人士通常能在自己的工作中深入挖掘自己的职业兴趣。

很多人会感觉工作好累，但是优秀的职业人士会认为，只要我喜欢，累点就累点，累点也开心。所以在这个意义上说，兴趣应该贯穿于我们的职业规划之中。如果成就感跟趣味成正比，那么，个人发展与组织发展也就是平行的。

从另外一个方面来讲，你是承担任务的一方，这个身份要求你有很多的技能、技巧。通常我们找到一份工作，从事一项任务，有70%符合个人兴趣就很不错了。因为我们做的大部分事情，在很大程度上是满足社会要求的，真正100%满足个人要求的工作几乎是没有的。从职业评价的角度而言，实现兴趣是幸运，而具有职业责任感则是一种专业操守。

……

我们尽量避免不喜欢的，但是有的时候不喜欢的东西正是我们成事的必要条件；我们喜欢追求兴趣，但兴趣要有节制，因为任何过度的兴趣都可能意味着腐败。

没成功的人，都少结交了一位朋友

Chapter 7

不会合作，到了出口也出不去

越成功的人越变着花样寻求合作

借鸡生蛋，空手套白狼

凭自己能力赚钱是“本事”，善借他人力量赚钱是“艺术”

不懂诀窍，如何让生意来找你

做朋友不做敌人

如果不能战胜对手，就加入他们之中

以付出换回报，这就是公平的生活

如何争，要根据长远利益而定

不会合作，到了出口也出不去

有一位青年到海边旅游，在那里遇到了一位捉螃蟹的老翁。他看到老翁旁边放着两个小竹篓，一个盖着盖子，一个敞着口。他猜想那个盖着盖子的竹篓里肯定装满了螃蟹，而那个敞开口的竹篓里没有螃蟹或者很少。

为了证实自己的猜想，他走上前去往那个敞口的竹篓里一看："哎哟！好家伙，怎么里面这么多螃蟹？"接着，他又掀开了那个盖着盖子的小竹篓，却发现里面只有一只螃蟹。他纳闷了，于是问老翁："老伯，这个竹篓里只有一只螃蟹，为什么还要盖着盖子，另一个竹篓里装满了螃蟹，你却不盖？"

老翁淡淡一笑，回答说："年轻人，你有所不知。这两个竹篓的形状和一般的不同，它的开口部分较小，而底下的部分较大。假如竹篓里面只有一只螃蟹，就得把竹篓盖好，防止那只螃蟹逃走；如果竹篓里有两只以上的螃蟹，那么竹篓口就算不盖，也不必担心。因为只有一只螃蟹时，螃蟹可以顺着竹篓口逃走，而若有两只以上的螃蟹，那么所有的螃蟹都会拼命地往竹篓口逃跑。但是这时候问题就出现了，竹篓口设计得很小，只能让一只螃蟹通过。一旦有螃蟹顺利爬到开口处，其余的螃蟹便会蜂拥而至，设法占据出口的位置。这样一来，只要有螃蟹想逃走，其余的螃蟹便会把它拉下来，所以没有任何一只螃蟹可以顺利逃走。”

螃蟹如此，人何尝不是这样。每个人都希望自己比别人强，都在与周围的人竞争。生活中有些人总是生怕别人超过了自己，于是为别人的成功设置各种障碍。可是，互相拆台的最终结果只会导致两败俱伤，谁都占不了好。

上帝向一个人允诺说：“我可以满足你的三个愿望，但有一个条件——在你得到想要的东西时，你的敌人将得到你的所得的双倍。”于是这个人提出自己的三个愿望：第一个愿望是一大笔财产，第二个愿望还是一大笔财产，第三个愿望却是“请你把我打个半死吧”。

虽然这只是一个笑话，但在现实生活中选择盲目竞争，最终两败俱伤的例子比比皆是。其实如果竞争中的双方在有共同利益的时候，能够选择对双方都有利的合作，相互帮助，协调互补，相信每个人都有出路。

越成功的人越变着花样寻求合作

盲目竞争只会导致两败俱伤，那与其争夺利益，把资源浪费在无用的事情上，还不如想办法把蛋糕做大，获得更大的利益。要知道，单打独斗者，路越走越窄；与人合作者，路才会越走越宽。关于这一点，古今中外有不少案例。下面是几个我平时整理的很能说明这个问题的小故事，希望读者能从中得到一点有用的东西。

1. 出租还是自营

有一家公司拥有半条街巷的门面房。平日里这些门面房就用来作为产品销售的店面，可是公司近几年来业务不景气，店面也冷清了许多。恰好这个街巷附近是一个很大的居民区，于是公司只好撤了门店，对外招租。

有一对夫妇率先在这里租房，办起了一家风味小吃店，生意竟出奇地好。后来许多风味小吃聚到这条街上来。这条街人声鼎沸，很快成了远近闻名的小吃一条街。

见租房的人生意这么好，对外租房的公司再也坐不住了。公司收回了对外招租的全部门面房，撵走了在这里经营各种风味小吃的人们，自己经营起小吃生意来。但没料到仅仅一个月，这条街巷又冷清起来，许多常来这条街上的食客，竟然慢慢不再来了。公司的效益出奇地差，自己独家做生意的收入，竟还没有房租的收入高。公司经理百思不得其解，去询问一个德高望重的经济学方面的老专家。

专家听了，微笑着问他："如果你要吃饭，会到一条只有一家餐馆的街上去，还是一条有几十家餐馆的街上去？"经理说："当然哪里餐馆多，选择余地大，我就会到哪里去。"

专家听了，微微一笑说："那么你的公司垄断了那条街巷的小吃生意，与同一条街上只有一家餐馆有什么不同呢？"

经理马上醒悟过来，回去后便迅速缩减了自己公司的生意门店，又将门面房对外招租。这条街巷的生意顿时又恢复了昔日的红火。

2. 慷慨的农夫

美国南部的一个州每年都举办南瓜品种大赛。有一个农夫的成绩相当优异，经常是首奖及优等奖的得主。他在得奖之后，会毫不吝惜地将得奖的种子分赠给邻居。

有一位邻居就很诧异地问他："你的奖项得来不易，每季都看你投入大量的时间和精力来做品种改良，为什么还这么慷慨地将种子送给我们呢？难道你不怕我们的南瓜品种因此超越你的吗？"

这位农夫回答："我将种子给大家，帮助大家，其实也是帮助我自己！"

原来，在这位农夫所居住的城镇，家家户户的田地都毗邻相连。如果农夫将得奖的种子分给邻居，邻居们就能改良他们的南瓜品种，也可以避免蜜蜂在传递花粉的过程中，带来较差的品种基因，这样农夫才能够专心致力于品种的改良。

若农夫将得奖的种子私藏，则邻居们在南瓜品种的改良方面势必无法跟上，他也必须在防范外来花粉方面大费周折。那么他改良南瓜品种的道路毫无疑问也就会越走越窄，越走越艰难。

3. 麻雀和红襟鸟

在20世纪30年代的时候，英国送奶公司送到订户门口的牛奶，既不用盖子也不封口，因此，麻雀和红襟鸟可以轻而易举地吃到凝固在奶瓶上层的奶油皮。

后来，牛奶公司把奶瓶口用锡箔纸封起来，想防止鸟儿偷食。没想到，20年后，英国的麻雀都学会了用嘴把奶瓶的锡箔纸啄开，继续吃它们喜爱的奶油皮。然而，红襟鸟却一直没学会这种方法，它们自然也就没有美味的奶油皮可吃了。

这种现象引起了生物学家的兴趣。他们对这两种鸟儿进行了研究。从解剖的结果来看，它们的生理结构没有很大区别，但为什么这两种鸟在进化上却有如此大的差别呢？原来，这与它们的生活习性有很大的关系。

麻雀是群居的鸟类，常常一起行动，当某只麻雀发现了啄破锡箔纸的方法，就可以教会别的麻雀。而红襟鸟则喜独居，它们圈地为主，沟通仅限于求偶和对于侵犯者的驱逐。因此，就算有某只红襟鸟发现锡箔纸可以啄破，其他的鸟也无法知晓。

对于物种来说，进化需要集体交流和行动。这样，它们中的任何一个有了新技能，就可以真正地发扬光大，使物种生生不息。

同样，对于我们人类来说，想要取得成功，也离不开与他人的沟通与合作。当你孤身一人，闭关自守，就会知道，做一件事是多么困难，而成功又是多么遥远。要知道个人的力量往往微不足道，与他人合作才能产生更大的力量。

借鸡生蛋，空手套白狼

创业之初，我们难免会遇到资金不足、设备不全、技术力量单薄、原材料短缺、市场范围狭窄等困难，所以有必要与资金雄厚的人联合起来。通过与有实力的人联合，借助别人的财力，实现自己的梦想。MySee前总裁高燃的第一桶金就是这样来的。

2003年夏天，清华大学新闻系本科毕业的高燃在央视节目里第一次看到江苏远东集团董事长蒋锡培。蒋锡培是一个非常朴实的人，高燃想找机会认识他。几天后，高燃就在校园里遇到了来讲课的蒋锡培。其实，蒋锡培早就听说过高燃，知道他因为家里穷而没有上高中，是第一个从中专直接考进清华本科的人，上过杂志。

高燃想在电子商务领域发展，做了一个商业计划，请蒋锡培指教。当时，蒋锡培在吉林长春出席团中央组织的会议，高燃下午得知后，随即站了一夜火车，第二天凌晨到了长春，双手递上计划。

蒋锡培认为这个行业有机会，也看好这个年轻人。两个小时后，一个口头协议达成了：蒋锡培出资一千万元占65%股份，高燃以智力出资占35%股份。高燃非常开心，难掩激动的心情。第二天回北京后，他找到几个清华自动化系的博士，组成了一个团队。

当年6月，蒋锡培一个电话把高燃召去江苏开董事会，要正式进行决策了。十几个董事、七个监事围坐了半个圆桌，高燃一个人坐在另一面。反对意见太多了，在二十多个人中，上了年纪的董事全部反对，专家学者身份的人也都反对。他们断定没有赢的机会，因为计划中有着即使到了今天高燃都无法自圆其说的矛盾。只有三个人支持，蒋锡培、一个同样毕业于清华的副总裁、一个女董事，这三个人恰恰是跟高燃私下里熟识的人。还有高燃，一个人坐在桌子的另一面"近乎疯狂"地反抗。

下午，董事会闭门研究，高燃回宾馆休息。他心里明白，基本没戏了。一千万元不是小数目，蒋锡培不敢一个人拍板，毕竟寡不敌众。高燃准备好"跟他各走各路"了。

晚上十点，蒋锡培把高燃带到餐厅，要了白粥和咸菜，自己一口气喝了五碗，而高燃则呆坐着。蒋锡培终于开口了："高燃，你这个人一定能成就一番事业。"高燃听出了话外之音，就开始一个劲儿地喝粥，不去看这个就要拒绝自己的人。蒋锡培接着说："这个项目风险太大，我们不能同意；我个人非常喜欢这个项目，但是……"高燃没听进去后面的话，脑袋里嗡嗡地响。他又一次几乎绝望了。

“你害了我！”高燃大声说。蒋锡培显然有一点儿震惊。高燃不理他，只顾说：“我家里还有几个弟兄，回去怎么交代？当时有很多人要投我这个项目，就因为跟你关系好，我才过来。马上就毕业了，我的团队没建起来，渠道没建起来，怎么办？”这些说辞，高燃下午在宾馆里已经想好了。

然而，出乎意料的是，蒋锡培最终答应给他一百万元。离别的时候，蒋锡培拍着他的肩膀，说了一句令这个年轻人一辈子都不会忘的话：“这个项目是有非常大的风险，但你这个人是没有风险的。”直到今天，高燃都不太明白蒋锡培当时是怎么想的。

高燃的电子商务计划果然失败了，几个创业伙伴也在半年后各奔东西。2005 年 2 月，高燃遇到了当年的清华同学邓迪，两个人创立了 MySee，事业逐渐步入正轨。

后来，蒋锡培在文章中袒露了自己当年投资高燃的真实想法：“项目即使失败对他也有很大的帮助，而一百万元的损失对我而言并不大；但这个人终究能成功，我也终能获得回报。他能够积极主动地去把握机会，而有些人，即使面前有机会也不知道去把握。即使没有这一百万元，他一样会成功，只是迟早而已。”

当然，强者的力量并没有那么容易为我所用。想要成功地借助有实力的人的势力，至少要做到以下几点：

第一，利用三寸不烂之舌，讲述创意，使那些能出钱、出力的人为我们所用。

第二，我们可以从为实力较强的人从事辅助性劳动着手。按照常理，产品的技术含量越高，其经济效益就越好。但是，即使是最先进的产品，也有一些技术含量低的零部件或辅助材料，如包装纸、打包带、包装箱等。这些辅助材料由于技术含量不高，不能带来多少利润，所以实力强的人很乐意将它们交给外面的个人或企业干，以减少投资。这样，技术力量不强、资金不足的创业者正好可以凭此起步。

第三，建立长期业务关系，这是借助有实力的人的力量的关键。所谓借助能人，借的就是能人提供的长期业务。只要有实力的人的大公司不倒闭，自己的小公司就不愁没有饭吃。当然，想要达到长期合作的目的，就必须讲质量、守信用。

第四，逐步提高技术含量，因为借助别人实力的最终目的是让自己更上一层楼。除扩大业务外，还要逐步进行技术和设备的投资，为承担技术含量更高的工作做准备，这样才能获得更大的利润，不断壮大自己。

凭自己能力赚钱是“本事”，善借他人力量赚钱是“艺术”

这是一个在国际广为流传的故事。

在一次盛大的国际宴会上，中国人、俄罗斯人、法国人、德国人、意大利人争相夸耀自己的民族文化传统，只有美国人沉默不语。为了使自己的表述更加形象、具有说服力，他们纷纷拿出了具有民族特色、能够体现民族悠久历史的东西——酒。

中国人拿出古色古香的茅台，打开瓶盖，香气袭人，四座皆惊。俄罗斯人拿出伏特加，法国人拿出大香槟，意大利人拿出葡萄酒，德国人拿出威士忌。轮到美国人时，只见他把各种酒兑在一起，举杯说：“这叫鸡尾酒，它体现了美国的精神——组合就是创造。”

这则意味深远的故事告诉我们，在竞争中角逐，不妨将现有的各种资源拿来为我所用，将它们有效整合，然后静观奇迹的诞生，在竞争中轻松取胜。

其实，富人们都懂得如何利用现有的一切资源。想要跨越穷人的围墙，跻身富人之列，也需从身边的资源出发，将它们有效整合。当你真正开始尝试这样去做时，就会发现，由组合产生的奇迹，你也可以拥有。

那么，究竟有哪些资源可以整合呢？

第一，别人的金钱。

一位亿万富翁就曾说过这样的话："你不必等到有钱了再去挣钱，只要你拥有人们想要的，就能拿这些东西去付账。"

很多人都错误地认为，手头有大把现金才能解决问题。"如果我中了六合彩，什么事情都可以解决了。"其实，事实不是这样。

毫无疑问，手里有钱，干什么事情都会容易一些。但是，如果你没有钱就赚不到钱，那么，即使有钱，你也赚不到钱。富人们都是善于整合别人手中金钱的人。

第二，别人的经验。

如果每一件事都需要自己学习，那么可能你一辈子也学不完，所以我们应学会利用别人的经验，为自己服务。

第三，别人的主意。

当马克希望成为一名职业演说家的时候，他参加了 1974 年的美国全国演说家协会会议。在听了协会的联合创始人卡弗特·罗伯特讲述如何创作多作者图书后，马克就在一个月内采用了这个方法。他与基思·德格林一起创作了《站起来，说出来，战胜对手》。他们聘用了 14 位联合经销商，每人投资 2000 美元获得

1000 册书。这是马克的第一次零现金投资，当年就赚取了 20 万美元。真正的富人懂得从别人的主意中挖金。

第四，别人的时间。

大多数人都会以相对便宜的价格出售自己的时间、才能、关系资源和技能，而富人们却懂得如何更好地利用才华出众的人士来为自己节约时间。

第五，别人的工作。

大多数人希望有工作。他们想要的是安全感，而不是机会。因此，富人们懂得聘用他人来从事自己不想做或者没有能力做的工作，通过整合这些人的能力使自己不断壮大。

不懂诀窍，如何让生意来找你

正所谓“独木难成林”，没有好人缘，不懂得与别人合作的人注定很难成功。华人首富李嘉诚在公布自己的生意经时就这么说：“最简单地讲，人要去求生意比较难，生意跑来找你，你就容易做。那如何才能让生意来找你？那就要靠朋友。如何结交朋友？那就要善待他人，充分考虑到对方的利益。”正是异常好的人缘为李嘉诚的事业铺平了道路。

善待他人、充分考虑到对方的利益是李嘉诚一贯的处世态度。追随李嘉诚 20 多年的洪小莲在谈到李嘉诚的合作风格时说：“凡与李先生合作过的人，哪个不是赚得盆满钵满？”所以，李嘉诚才能拥有强大的“智囊团”。叱咤股坛的杜辉廉也是李嘉诚“智囊团”中的一位“客卿”。

杜辉廉是一位精通证券业务的专家，是长实多次股市收购战的高参，被业界称为“李嘉诚的股票经纪”，备受李嘉诚的赏识。杜辉廉多次参与长实系股权结构、股市集资、股票投资的决策，为李嘉诚在股票一级市场上的发行和二级市场上的收购立下了汗马功劳。特别是在 1987 年香港股灾之前，他成功地为长江实业集团集资 100 亿港元。

不过，杜辉廉并不是李嘉诚名下公司的董事，他多次谢绝李嘉诚邀请他担任长实董事的好意。他是李嘉诚众多“客卿”中唯一不领干薪的人。这令重情重义的李嘉诚一直觉得欠他一份重情，总想着寻机报答他。

1988 年底，李嘉诚回报杜辉廉的机会终于来了。那年，杜辉廉与梁伯韬合伙创办百富勤融资公司，李嘉诚当即发动了连同自己在内的 18 路商界巨头参股，为其助威。在 18 路商界巨头的大力协助下，百富勤迅速成长。到 1992 年，该集团年盈利已达到了 6.68 亿港元，成了商界名副其实的小巨人。此时，李嘉诚又带领各巨头主动摊薄各自所持的百富勤股份，保证杜辉廉和梁伯韬两人对百富勤公司的绝对控股权。

李嘉诚的投桃报李、知恩图报、善结人缘，又使杜辉廉更加专心地回报李嘉诚，甘愿为李嘉诚服务，心悦诚服地充当李嘉诚的“客卿”。

从某种意义上说，李嘉诚得众人的大力相助，也是他“善有善报”的延伸。正所谓“家有梧桐树，引得凤凰来”。假如李嘉诚贪图眼前利益，做生意时只想着自己，没有善待他人，又怎能引得诸如杜辉廉这样的“凤凰”来栖呢？就是这个再简单不过的原则——利益共享，让李嘉诚结交了无数商界朋友，赢来了不可计数的财富，登上了香港首富、世界华人首富的宝座。

“要照顾对方的利益，这样人家才愿意与你合作，并希望下一次再合作。”只要遵循李嘉诚这个做生意的诀窍，生意自然会来找你。

做朋友不做敌人

世界上任何事都不是绝对的，今天的竞争对手，很可能就是明天的合作伙伴。所以，你应该尽量多地结识朋友，不可与朋友翻脸。香港大亨李嘉诚就将这一点做到了极致。

李嘉诚在商场上驰骋了半个多世纪，只有对手，没有敌人。这么多年来，任何一个国家的人，任何一个省份的中国人，只要跟李嘉诚合作之后，都能成为好朋友，从来没有因任何事闹过矛盾。这不能不令人在惊讶的同时又佩服得五体投地。

李嘉诚之所以能够做到这些，就在于他为人和善，善于化敌为友。

李嘉诚一贯的做人准则是“善待他人，做朋友不做敌人”。他在任何时候都不以势压人，即使对竞争对手亦是如此。

在收购置地时，李嘉诚与李兆基、郑裕彤、荣智健组成财团，已处于绝对优势，但对方反对收购，李嘉诚遂决定放弃收购。这固然有收购成本过高的考虑，难能可贵的是，李嘉诚没有利用手中的股权逼迫对方高价赎回，而是以市价转让给对手，放弃了一个千载难逢的黄金机会，并且附带了“7 年之内不再收购”的条款。这就为以后双方的合作埋下了伏笔。

而最具有说服力的事情，莫过于与老竞争对手怡和的争夺战。那时，李嘉诚鼎力帮助包玉刚购得怡和的台柱——九龙仓，又从怡和控制的英资置地手中购得港灯，还率领华商众豪“围攻”置地，然而李嘉诚并没有为此而与怡和的高层纽壁坚、凯瑟克结为冤家对头。在每一次“战役”之后，他们都握手言和，继续联手发展地产项目。

正因为李嘉诚为人慷慨，并且讲信用、够朋友，所以，与他合作过的生意伙伴，从包玉刚到李兆基、郑裕彤及荣智健，无一例外地成了他的朋友。在生意场上，李嘉诚与合作伙伴的关系是最为人所称道的。尽管商场充满了尔虞我诈、弱肉强食，但李嘉诚对朋友乃至商业上的伙伴，总是那么坦诚和磊落。

李嘉诚能够将事业一步步做大，成为顶级商人，控有香港最大的综合性财团，多年荣膺香港首富乃至世界华人首富，就是得益于“做朋友不做敌人”这一做人原则。

所以说，朋友是非常重要的，就像红顶商人胡雪岩所说的那样：“一个人的力量到底是有限的，就算有三头六臂，又办得了多少事？要成大事，全靠和衷共济。说起来我一无所有，有的只是朋友。要拿朋友的事当自己的事，朋友才会拿你的事当自己的事。没有朋友，就是有天大的本事，也还是没有办法。”

如果不能战胜对手，就加入他们之中

“如果你不能战胜他们，就加入他们中去。”这是1981年出任美国通用汽车公司董事长的罗杰·史密斯所倡导的原则。正是这个原则拯救了当时差点惨遭淘汰的通用汽车公司。

当时，世界石油供应处于暂时的紧张状态，通用汽车的竞争对手丰田、本田等日本公司借势强攻美国市场，并以其质量可靠、油耗低的优点屡屡攻城略地。在这种凌厉的攻势下，通用汽车在80年代出现了成立以来的首次亏损。

眼看日本汽车的总产量超过美国，占据了美国市场1/4以上的份额，通用汽车公司董事长史密斯开始寻求变革。他在裁员数千人削减开支的同时，将旨在替代日本进口车的J型车推向市场，但是这种设计上存在缺陷的车型一经推出就折戟沉沙。公司撤下J型车后，花费了上百万美元研制S型车，但由于成本高，仍然无法与低廉的日本汽车进行对抗。

既然在正面对决中无法取胜，史密斯干脆偃旗息鼓，寻求合作，加入竞争对手的阵营中去。从1981年8月开始，通用通过购买股权等方式，先后成了日本铃木和五十铃的合作者，让这些公司为其生产低价位的汽车。

此后，经过数月的谈判，通用又与丰田汽车公司在 1983 年达成联营协议，双方在美国设立汽车制造工厂。这样一来，双方在史密斯原则下实现了共赢：丰田由此可以避开美国贸易保护壁垒，不用担心进口配额限制，可以直接进入美国市场；通用则通过合作获得性能更好的产品和更先进的生产流程，以确保自己在以后的商业竞争中，不至于落后对手太远。

事实上，史密斯这种加入对方的策略对通用的发展起了至关重要的作用。如果他继续把日本汽车当作敌人，坚持用自主的品牌和技术来进行对抗，那么，通用辛辛苦苦积累起来的市场份额就会很快被日益强大的日本汽车吞食殆尽。

史密斯的这一原则为通用赢得了宝贵的时间，使通用在与日本汽车工业的共生中巩固了自己的市场，也为通用自主开发低耗小汽车新技术创造了条件。在短短三年内，通用汽车走出了亏损的低谷，取得了较大的赢利。

在面对竞争时，一般人通常的想法都是“有你无我，誓不两立”，总是采取一切可能的手段去击败竞争对手，将其逐出市场。但是，史密斯却反其道而行之，转过身去和竞争对手合作，建立战略联盟，靠合作来竞争。因为他知道，硬碰硬的竞争往往是两败俱伤的结果，而在竞争中采取共生的合作却不失为明智之举。

当我们实力比较弱，又面对着强有力的竞争对手的时候，共生的合作更能为我们扫清障碍，铺平道路，打开成功之门。

在微软刚创业时，基本上没有人知道比尔·盖茨和他的公司。与当时的电脑业大亨 IBM 相比，微软简直不值一提。

在当时，比尔·盖茨就已经认定，个人计算机将是电脑的主要发展方向，而为它服务的系统软件也将越来越重要。于是，他组织人员日夜奋战，开发研制新型的系统软件。他听说帕特森的西雅图计算机产品公司已经研制出一种名为 86-DOS 的操作系统，于是马上买下其使用权和全部的所有权，之后组织自己的研究人员进行改进，终于研制出了自己的操作系统——MS-DOS 系统。

在当时，微软公司力小利薄，根本无法完成自己的抱负，向社会推出这项产品。这时，比尔·盖茨想到了 IBM。

双方合作的基础首先是对双方都有价值。在当时，IBM 想向个人计算机方向发展，但它虽然十分强大，要完成此项开发，软件上仍需合作。恰好，微软公司在软件开发方面小有名气。

在与比尔·盖茨会面前，IBM 让他签署了一项保证不向 IBM 谈任何机密的协议。IBM 经常采用这种办法从法律上保护自己。这样，IBM 今后即使从客户的设想和信息中赚钱，客户也难以起诉。盖茨立即明白，IBM 是很认真地和他们商量合作事宜的，因为如果 IBM 不想和他谈正经事的话，就不会拟协议。他兴奋地对同伴说道：“伙计们，机会来了。”

不过直到第二次见面后，盖茨才意识到，IBM 准备插手个人计算机领域。当时，盖茨只是希望说服其使用微软软件。于是，盖茨对与 IBM 合作倾注了满腔热情。合同的第一项订货是操作系统。要完成合作项目，时间紧迫，软件的成品须在1981年3月底以前设计完成。比尔·盖茨带领自己的伙计们，向IBM交了一份满意的答卷。

不久，IBM PC研制成功了，微软DOS也成为行业的唯一标准。自此，由于IBM PC销量日增，MS-DOS的影响也与日俱增。微软为其开发的应用软件越来越多，最终成了最大的赢家。

通过与电脑业巨人IBM的成功合作，微软挖到了自己至关重要的一桶金。正是这桶金成就了微软后来的辉煌。微软与IBM的合作很好地诠释了竞争中的合作。它能为你减少阻力，让你的事业之路越走越宽。

以付出换回报，这就是公平的生活

一个人在沙漠中行走，途中遇到风沙。一阵狂沙吹过之后，他已认不得正确的方向。就这样，他在沙漠中漫无目的地走了很久，直到食物和水全部用完。

当他快支持不住的时候，突然发现了一幢废弃的小屋。他拖着疲惫的身子走进了屋内。这是一间不通风的小屋子，里面堆了一些枯朽的木材。他几近绝望地走到屋角，却意外地发现了一台抽水机。

他兴奋地上前汲水，却抽不出半滴来。他颓然坐在地上，却看见抽水机旁有一个用软木塞堵住瓶口的小瓶子，瓶上贴了一张泛黄的纸条。纸条上写着："你必须把水灌入抽水机才能引水！不要忘了，在你离开前，请再将水装满！"

他拔出瓶塞，发现瓶子里果然装满了水！这时，他的内心开始斗争起来：如果自私点，将瓶子里的水喝掉，他就不会渴死，就能活着走出这间屋子！如果照纸条做，把瓶子里的水倒入抽水机内，万一水一去不回，他就会渴死在这地方了。

"到底要不要冒险？"最后，他决定把瓶子里的水全部灌入看起来破旧不堪的抽水机里。把水灌进去后，他用颤抖的手再次汲水，水真的涌了出来！

他喝足水后，把瓶子装满水，用软木塞封好，然后在原来那张纸条后面，加上自己的话："相信我，真的有用。"

我们在取得之前要先学会付出。建议人们在问"有谁能够帮助我"之前，先问问自己："我可以帮助谁？"因为在你诚心诚意关心别人时，别人也会同样关心你；在你帮助别人后，别人也自然愿意帮助你。

一个出身贫苦的男孩，为了积攒学费而挨家挨户推销商品。有一天晚上，奔走了一整天的他又累又渴又饿，但是口袋里只剩下一枚1角钱的硬币了。于是他决定到下一家时，向人家要餐饭吃。然而，当一位美丽的女孩打开房门的时候，他反而失去了勇气，只要求女孩给他一杯水喝。

美丽的女孩看出了他的疲惫和饥饿，微笑着给他端来一大杯鲜奶。男孩慢慢地喝完牛奶，问道："我该给您多少钱？"而女孩的答复却是："一分钱也不用付。我妈妈教导我，施以爱心，不图回报。"

泪水涌上了男孩的眼眶，他轻轻地说："那么，就请您接受我由衷的感谢吧！"说完，男孩离开了这户人家。此时，他不但感到自己的身体又有劲了，而且对未来也充满了信心。其实这个男孩原本陷入绝境，已准备放弃一切。

数年后，当年的那个女孩得了一种罕见的重病，当地的医生束手无策。她的家人只好把她送到大城市去，请那里的专家来诊治。

一位有名的医生参加了会诊。当他看到病历上记载的家庭地址时，眼中闪过异样的光芒，马上从医院大厅跑到了楼上的病房。进了病房，他一眼就认出这位病人就是当年送过满满一大杯牛奶给他喝的恩人。而当年的那个小男孩如今已是大名鼎鼎的霍华德·凯利医生了。

凯利医生回到自己的办公室，下定决心要尽最大的努力来挽救她的性命。从那天起，他就特别关照这个对自己有恩的病人。经过艰辛的努力，手术获得了成功。这名女子的病治好了，身体渐渐恢复。

后来，出院的账单被送到凯利医生手中，请他签字。医生看了账单一眼，然后在账单边缘写了几个字，让人将账单送进她的病房。这位女子不敢打开账单看，因为她知道，她得用余生来偿还这笔费用。

最后，她还是鼓起勇气，打开了账单，却惊讶地看到上面写着这样一行字："多年前已用一杯牛奶全部付清。"后面的署名是"霍华德·凯利医生"。

在人生的漫漫长河中，我们肯定会遇到许许多多的困难。在前进的路上，搬走别人脚下的绊脚石，有时恰恰就是在为自己铺路。帮助别人，有时就是帮助我们自己。生活常常就是这样。只要你尽可能真诚地帮助别人，成功就会来陪伴你。

如何争，要根据长远利益而定

《道德经》中有云："以其不争，故天下莫能与之争。"这应该算是竞争的最高境界了。

有一条汽车线路，是从小港口开往火车站的。客运公司仅安排两辆公共汽车来回开。开 101 的是一对夫妇，开 102 的也是一对夫妇。坐车的大多数是船民，由于他们长期在水上生活，因此，一进城往往是一家老小。

101 的女主人很少让船民给孩子买票，即使是一对夫妇带几个孩子，她也视若无睹，只要求船民买两张成人票。有的船民过意不去，执意要给大点的孩子买票，她就笑着对船民的孩子说："下次给带个小河蚌来，好吗？这次让你免费坐车。"

102 号车的女主人恰恰相反，只要有带孩子的，大一点的要全票，小一点的也得买半票。她总是说，这车是承包的，每月要向客运公司交多少多少钱，哪个月不交足，马上就干不下去了。船民们也理解，如今生意不好做。因此，每次也都相安无事。

三个月后，102 号不见了，听说停开了。这应验了女主人的话

“马上就干不下去了”，因为搭车的人很少。

101号车的女主人明白“争是不争，不争是争”的道理。争得一时的利益，最后反而可能什么也得不到。对这一点，三国时的曹丕也非常明白。

曹操对接班人的挑选很注重。长子曹丕虽为太子，但次子曹植更有才华，很受曹操器重。于是曹操便有了更换太子的念头。

曹丕在得知这个消息后十分恐慌，急忙向他的贴身大臣贾诩请教对策。贾诩说：“愿您有德性和度量，像个寒士一样做事，兢兢业业，不要违背做儿子的礼数就行了。”曹丕深以为然。

有一次曹操亲征，曹植做了一篇歌功颂德的文章来讨父亲欢心，并显示自己的才能。而曹丕却伏地而泣，跪拜不起，一句话也不说。当曹操询问他原因时，曹丕便哽咽着说：“想父王年事已高，还要挂帅亲征，我心里是既担忧又难过，因此说不出话来。”

一言既出，满朝肃然，大家都为太子的仁孝而感动，反而觉得曹植只知道为自己扬名，有悖人子孝道，作为一国之君恐怕难以胜任。毕竟写文章不能代替德行和治国的才能，结果太子还是原先的太子。曹操死后，曹丕顺理成章地继承了王位。

其实最初，曹丕是极不甘心自己的太子之位被夺走的。他想拼死一争，却又明知自己的才华远在曹植之下，胜算极微。但他毕竟是个聪明人，一经贾诩点化顿时明白：争不赢，不如不争，我只需恪守太子的本分，让对方一个人尽情去表演吧！最后，这场兄弟之争，以不争者胜而告终。正因为不与人相争，所以遍天下没人能与他相争。

离开舒适区，用高效方法迅速成长

Chapter 8

成绩是做出来的，而不是“跳”出来的

记得很久以前曾经看过这么一个小故事，说是有一个人挖井，才挖了不一会儿，没有发现水就选择了放弃。他换了一个地方继续挖，挖了一阵子还是没有挖到泉水，又换了一个地方。他挖的每一口井都不够深，总是在即将挖到泉水的时候放弃了……做事业其实与挖井是一样的。

有一批大学生被分配进了一家集体企业。没过多久，因为产品老化、管理不善，这家企业处于倒闭的边缘。于是大学生们纷纷离去，只有一位留了下来。他每月只拿几百元的基本工资，吃睡在工厂里，没日没夜地为企业设计和开发市场上适销对路的新产品。

因为新产品的成功，这家企业终于又恢复了生机且日益壮大，那位大学生也成了该企业的董事长和总经理。员工们对他非常拥戴。

成绩是做出来的，而不是“跳”出来的。只要你实实在在地埋头苦干，坚持将一口井挖深，就能闯出属于自己的一片天地。

反过来看看现在不少刚毕业的学生，在一家公司刚待一会儿，就嫌不被领导重用，抱怨环境差、收入少等等，于是跳槽到另一家公司。他们做过各种职业，今天做推销，明天做广告，后天做房地产经纪人……跳来跳去，就像那个挖井的人一样，尽管挖了许多口井，但都挖得不够深。最后，由于自己的频繁跳槽，他们浪费了很多的时间，知识和能力却没有什么长进。

现在社会不断发展，对个人的知识和经验也不断提出了更高、更广、更深的要求。泛泛地了解一些知识、技能和经验是远远不够的，多才多艺往往使许多人失去成功的机会。

许多有前途、有思想的年轻人一开始无法果断地选择一个正确的方向，不能在一个方向上持之以恒地走下去，结果一直到老年仍然徘徊不定。企图掌握好几十种职业技能，还不如精通其中一两种。什么事情都知道些皮毛，还不如在某一方面下足功夫、透彻理解。

许多生活中的失败者几乎都在好几个行业中艰苦地奋斗过，如果他们的努力能集中在一个方向上，就足以使他们获得巨大的成功。如果人的一生只做一件事，一定能将这件事做到极致。像阿甘那样有智力缺陷的人，乒乓球能打成全美冠军，就在于他在做一件事时，能够集中精力。

同样，你看那些成功人士，哪个不是将所有精力集中在某一点上，长期坚持不懈，最后才掘出甘甜的井水？

无论从事什么职业都应该精通它，这是成功的秘诀。现在，你最需要做到的就是“精通”二字。掌握自己职业领域的所有问题，使自己比他人更精通，你就有可能比其他人更有机会得到提升和发展。

所以说，挖百口井不如深掘一口井。将这口井掘深点，水就会更多些。当然，挖井的前提条件是找对地方。在干枯沙漠之地很难发现水源，你再努力、再坚持，也是枉费心机。

现在，找好你努力的方向，专注做一件事，深掘一口井，你一定能挖出甘甜的井水。只有当这口井足够深的时候，才能试图挖另一口井。有人问李嘉诚，为什么他到处投资，基本都能成功？李嘉诚是这么回答的：“手头上一定有一样产品是天塌下来都挣钱的。”所以，选择自己最擅长的领域做精做透，将一口井挖深，你就能挖到清澈、纯净、清凉的泉水！

主动深入下去，成功没那么难

这是一个真实的故事：

1965年，一个普通的韩国学生到剑桥大学学习，主修心理学。他的导师是现代经济心理学的创始人威尔·布雷登教授。

每天喝下午茶的时候，学校的咖啡厅或茶座总是聚集了很多人，其中不乏一些成功人士，包括诺贝尔奖获得者、某些领域的学术权威和一些创造了经济神话的人。因此，这位韩国学生常到那里去听他们聊天。

时间一久，韩国学生发现，这些成功人士幽默风趣、举重若轻，把自己的成功看得非常自然和顺理成章。他们这种对待成功的态度，让这位韩国学生想起国内的一些成功人士。那些人为了让正在创业的人知难而退，普遍把自己创业的艰辛夸大了。也就是说，他们在用自己的成功经历吓唬那些还没有取得成功的人。

作为心理系的学生，韩国学生决定对这种现象加以研究。1970年，他向自己的导师布雷登教授提交了一份名为《成功并不像你想象的那么难》的毕业论文。

布雷登教授读后，大为惊喜，认为这是个新发现。虽然这种现象在东方甚至在世界各地普遍存在，但此前还没有一个人大胆地提出来，并加以研究。惊喜之余，布雷登教授写信给他的剑桥校友、当时正坐在韩国政坛第一把交椅上的人——朴正熙。布雷登教授在信中说："我不敢说这篇论文对你有多大的帮助，但我敢肯定它比你的任何一个政令都更能令人震动。"

这篇论文从一个新的角度告诉人们，成功与"劳其筋骨，饿其体肤""三更灯火五更鸡""头悬梁，锥刺股"没有必然的联系。只要你对某一事业感兴趣，并长久地坚持下去就会成功，因为上帝赋予你的时间和智慧足够你圆满做完一件事情。

事实证明，这个观点是正确的，成功的确并不像你想象的那么难。故事中的韩国学生最后也获得了成功，成为韩国泛业汽车公司的总裁。

很多时候，并不是因为事情难我们才不敢做，而是因为我们不敢做，事情才显得难。正是因为人们对不熟悉的事情都存在着或多或少的畏惧，事情的难度才在人们的畏惧心理中被放大了。很多人因此不敢或者不肯去尝试。其实，只要去试一试，你就会发现它并没有你想象中的那么难。

托马斯是一位美国记者，他76岁那年才决定开始学习外语。促使他下此决心的是林肯的一封信。林肯在信上说：

在西雅图有一处农场，上面有许多石头，耕种起来比较困难。正因为如此，父亲才以较低的价格买下了它。有一天，母亲建议把上面的石头搬走。父亲说如果可以搬走的话，主人就不会卖给我们，这是一座小山头，与大山连着。

有一年，父亲去城里买马，母亲带我们在农场劳动。母亲说："让我们把这些碍事的东西搬走，好吗？"于是我们开始挖那一块块石头，没用多长时间，就把它们弄走了。因为那并不是父亲想象的山头，而是一块块孤零零的石块，只要往下深挖一英尺，就可以晃动它们。

林肯在信的末尾说，有的人之所以不肯尝试，只是因为他们认为不可能，而有许多不可能只存在于人的想象之中。

托马斯读了这封信后，深受感动，他想，虽然自己年已七旬，虽然外语不好学，但只要自己努力去做，又怎么会学不好呢？于是，他开始投入精力学习汉语。1922年，托马斯访问中国，会见了孙中山先生，他们之间不通过翻译就可以对话。

人世中的许多事，只要想做都能做到，需要克服的困难也都能克服，用不着什么钢铁般的意志，更用不着什么技巧或谋略。一个人只要还在朴实而饶有兴趣地生活着，终究会发现，只要去做，很多事都是水到渠成的。最重要的是，你不要被自己已经形成的观念限制或吓唬住，要有敢于试一试的勇气！只有不断去尝试新事物，你才能不断突破自己、超越自我，从而取得更大的成功。

对不起，你不配让机会等你

一位老教授退休后去拜访偏远山区的学校，向当地的老师传授教学经验。有一次，当他结束在山区某学校的拜访行程，正想回到住处时，许多学生依依不舍。老教授不免为之所动，只好答应学生，星期三他再来时，哪个学生把自己的桌椅收拾得干净整洁，就送给他一份神秘的礼物。

于是，在老教授离去后，每到星期三早上，所有的学生都会把自己的桌面收拾干净。星期三是教授每个月例行前来拜访的日子，只是不确定他会在哪一个星期三到来。

其中有一个学生一心想得到老教授的礼物留念。他害怕教授在星期三以外的日子突然带着神秘礼物来到，于是每天早上都把自己的桌椅收拾得既干净又整齐。但往往上午收拾干净的桌面，到了下午又是一片凌乱。这个学生又担心教授会在下午突然出现，于是到下午又收拾一次。尽管如此，他仍旧觉得不安，万一教授在一个小时后突然出现在教室，仍会看到他的桌面凌乱不堪，于是他便决定每个小时收拾桌椅一次。

最后，他想到，如果教授随时会到来，仍有可能看到他的桌面不整洁。因此，他必须时刻保持桌面的整洁，以便随时迎接教授的光临。老教授虽然还没有带着神秘礼物出现，但这个学生已经得到了另一份奇特的礼物——随时做好准备等待机会到来的良好心态。

许多人终其一生都在等待一个能够令他成功的机会。而事实上，机会无处不在，重要的是，当机会出现时，你是否已经准备好了。

机会是一个没有耐性的家伙，总是来也匆匆，去也匆匆。如果当机会从你面前走过的时候，你没有准备好，抓不住它，那么它将一去不回。机会可不会站在那儿给你时间去准备。所以，从今天起，在等候的同时，我们就要做好准备，让自己保持在最佳状态，以便机会出现时可以紧紧抓住，不让它溜走。

坚持这件小事最能成就大梦想

有一个称得上“世界第一”的保险推销员退休时举办了一场盛大的告别会。大会吸引了很多人参加，其中有不少是业内的精英。当有人询问他成功的秘诀时，这位保险推销员只是微笑着示意马上就告诉大家。

忽然，全场的灯光暗了下来，接着从后台走出四个合力扛着铁马的彪形大汉，铁马下垂着一只大铁球。看到这儿，所有人都感到莫名其妙。

此时，那个著名的推销员走上台，但是他没有说话，只是朝铁球敲了一下，铁球纹丝不动。过了5秒，他又敲了一下，铁球还是没动。不过他没有停止简单的敲球动作，以后每隔5秒他就敲一下。半个小时过去了，他仍然一句话也没有说，铁球也还是纹丝不动。

“这是在干什么？愚弄我们吗？”台下的人群开始骚动起来，接着有不耐烦的人悄悄离开。但是这位推销员还是自顾自地专心敲着铁球。时间一分一秒地过去，留在会场的人也越来越少，最后就只剩下了屈指可数的几个人。这时，大铁球终于开始慢慢晃动起来。又过一段时间后，铁球开始大幅度摇晃起来。

“这就是我的秘诀。坚持必然会有结果。但只有耐心的人才可以得到这个秘诀。”推销员最后说道。

很多时候，成功就在不远的前方等着你，关键是你要有足够的耐心和毅力。我们经常遇到这样的事，一个人为一个目标苦苦守候了许多年，后来他实在坚持不住就不再等候了。结果他刚走，那个目标就出现了。他在离成功只有一步之遥的时候放弃了。

人生的道路不可能总是坦途，总有坎坷和困难。当你徘徊在人生的低谷、事业的低潮，感觉自己支撑不下去的时候，其实正处于黎明前的黑夜。历史上那些成大功立大业的人们都经历过这一阶段，他们之所以能成功，就在于他们都不愿轻易被失败打败，不达目标决不退却。

1944 年，“名人录”模特公司主管埃米琳·斯尼沃利告诉一个想成为模特的女孩——诺马·简·贝克：“你最好去找一份秘书工作，或者干脆早点嫁人。”这个女孩后来的艺名叫作玛丽莲·梦露。

1954 年，“乡村大剧院”旗下一名歌手首次演出之后就被开除了，老板吉米·丹尼对他说：“小子，你哪儿也别去了，回家开卡车去吧。”这名歌手名叫艾尔维斯·普雷斯利，绰号“猫王”。

1962年，四个初出茅庐的年轻音乐人紧张地为“台卡”唱片公司的负责人演唱他们新写的歌曲。这些负责人对他们的音乐不感兴趣，拒绝了他们发行唱片的请求，其中一位甚至还说：“我们不喜欢他们的声音，吉他组合很快就会退出历史舞台。”这四个人的音乐组合名字叫作“披头士”。

因此，当你遇到挫折和困难的时候，一定要有坚定的信心，坚持下去，不要放弃！虽然人人都想成功，都在找寻成功的秘诀，但是能坚持自己梦想不放弃的却很少。

其实成功的秘诀很简单，就像丘吉尔所说的那样：“我成功的秘诀有三个：第一是，决不放弃；第二是，决不、决不放弃；第三是，决不、决不、决不能放弃！”

如果通向成功的路要走一百步，很多人可能在九十九步的时候放弃了。在你遇到困难、挫折想要放弃的时候，咬咬牙，再坚持一会儿，也许就能“山重水复疑无路，柳暗花明又一村”。过了最窄的地方，以后的人生之路就会越走越宽。

最短的路走起来最快吗?

人们都知道，在平面上，两点之间线段最短。可在现实生活中，更多的时候是，最短的路走起来却并不是最快的，弯路反而比捷径好走。

1950年，朝鲜战争爆发后，美国五角大楼把所有的军用物资购买计划列为保密文件。而要想正确预测出备战计划对股市的影响，就必须知道美国政府对原材料的需求量，特别是铝、铜和钢材的需求量。在高度保密的情况下，要想获得这些信息简直比登天还难。

就在人们一筹莫展的时候，后来的美联储主席格林斯潘自告奋勇说要试一试。当时的格林斯潘刚刚24岁，还没有从纽约大学毕业，为挣学费在一家投资机构做兼职调查员。

其实，要想知道美国政府对铝、铜和钢材的需求量也有捷径，那就是翻看五角大楼的有关文件。不过这条捷径是不可能走得通的。为得到这些保密信息，格林斯潘走了一条大家都想不到的弯路。

格林斯潘首先想到，1949 年朝鲜战争还没有爆发，军事听证会还没有保密。于是，他花了大量精力，研究一年来的新闻报道和政府公告，知道 1950 年和 1949 年美国空军的规模和装备基本一致。于是他从 1949 年的记录中知道了飞机的数量，再估计出损耗量，然后就能基本计算出朝鲜战争期间每个型号战斗机的需求量。知道了每种战斗机的需求量，格林斯潘又找来各种飞机制造厂的技术报告和工程手册，一头扎了进去，弄清楚了每个型号战斗机需要多少铝、铜和钢材等原材料，最终测算出了当时美国政府对原材料的需求量。

格林斯潘的成功表明，最短的路走起来并不是最快的，捷径有时反而走不通。况且人人都希望能抄近道、走捷径，这样，大家都堵在捷径上，捷径最终反而变成了死胡同。

另外，有许多事是不能急功近利的，所以不要总想着走捷径。在这一点上，腾格尔深有体会，他说：

“许多小歌手想跟我学唱歌，如果不答应，他就不走，还有躺在我家门口的。态度不可谓不虔诚，不可谓不令人感动。碰到这种情况怎么办？那就请进来吧。进来后先让他唱一首歌，然后我来点评。首先肯定热情和长处，接着指出缺陷或不足，最后提出建议。而我的建议往往是：先到一个比较正规的地方，扎扎实实地打好基础。

“这听起来有点像走程序、敷衍人，其实我说的是实话，尤其是扎扎实实地打好基础这一条。大多数想进入流行音乐圈子的人都比较急功近利，梦想着走捷径；都怀有一种短视的错觉，以为歌手是吃‘青春饭’的，经不起‘磨’。他们认为有一副父母给的与众不同的嗓子，有点表演才能，碰上一两首好歌，再碰上好老师点拨点拨，这么七折腾八折腾，没准儿就成了。‘捷径’意味着‘最近的路’，但也意味着‘最短的路’。捷径可以走，问题是很可能没走多远就已走到了头。”

所以说，踏实走好每一步才是最重要的，不要总想着投机取巧、抄小路、走捷径。那些看上去最短、最方便的路，未必是真正的捷径。

不会分配注意力，就别想提高效率

有一次，一只鼬鼠向狮子挑战，要同它一决雌雄。狮子果断地拒绝了。

“怎么，”鼬鼠说，“你害怕吗？”

“非常害怕，”狮子说，“如果答应你，你就可以得到曾与狮子比武的殊荣；而我呢，以后所有的动物都会耻笑我竟和鼬鼠打架。”

和鼬鼠打架的麻烦就在于，即使赢了，狮子也不光彩。如果你与一个跟自己不是同一重量级的人争执不休，只会浪费自己的很多资源，降低人们对你的期望值，并无意中提升了对方的层次。

有位咨询专家在进行一次大型演讲时，台下的一位听众对他的某些观点并不认同，于是便针对咨询专家所提出的某些论点加以发难。如果仅仅是就不同的观点进行讨论也就罢了，这位听众还说出了许多带有侮辱性的话语，企图引发二人之间的舌战。

可是，演讲者在听完那位听众带有攻击性的话语后，只是说了声“OK”，便继续进行演讲，根本没有理会对方的不敬之词。这样一来，那位听众自然是自讨没趣了。

当别人指责或攻击我们时，很多人会打乱自己的计划安排去应付那些无休止的指责。其实，聪明的人应当对那些无足轻重的事情无动于衷。因为我们所做的任何一件事，绝不可能令所有的人都感到满意。有些无事生非的人只是习惯性地找碴生事，不要受他们的影响或分散精力去反击。正如艾伯拉姆斯将军所说：“别跟猪打架，不然到时你弄得一身泥，它们却乐得很呢！”

“明智的艺术就是清醒地知道该忽略什么的艺术。”所以不要被不重要的人和事过多地打搅，因为“成功的秘诀就是抓住目标不放”。

要知道，成功者是没有多少时间可以用来浪费的。你要在有限的生命中到达成功的巅峰，就必须放弃或减少争辩；必须做到不为小事所困扰；必须具备很快分辨出什么是无关事项的能力，然后立刻忽略它们。因为琐事不但会占据你的空间，更重要的是会消磨你的意志。

如何做到高效能，而不是瞎忙

现代社会生活节奏加快、工作繁重，人们总感觉有做不完的事情，时时想着这事要做，那事也要做，最后被纠缠在各种事情当中，疲惫不堪。

如果你恰好处于这种状态的话，那么，有位军医对他的病人说过的话对你也许会有所帮助，那就是“你要把人生想成一个沙漏，上面虽然盛满了成千上万的沙粒，可是它们只能一粒一粒缓慢地通过细细的瓶颈，你我都没有办法让一粒以上的沙子同时通过。我们每个人都是沙漏，每天早上都有一大堆的事情要做，如果不是一件一件地处理，像一粒一粒的沙子通过沙漏瓶颈的话，就可能对自己的心理或生理造成伤害。”

是的，一次一粒沙，一次一件事。如果你贪多求快，认为同时处理好几件事能获得更高的效率的话，那就错了。事实证明，很多事情纠缠在一起，最后往往会把自己搞得很狼狈。你会发现，虽然投入的时间不少，却见不到什么成效。

另外，从心理上说，当一个人了结一件事情时，往往会有一种解脱感和满足感，甚至是成就感。这是一种很好的心理状态，也是保证把另一件事做好的必要前提。

所以，不管有多少事情在等待你处理，你一次最好只做一件事。彻底完成一件事后，再开始做下一件事。这样不仅能提高你的效率，还能让你不至于陷入混乱，不会同时被许多事情搞得焦头烂额、身心疲惫。

现在，就请你抛开心中杂念，专注于眼前这一件事。在你听音乐的时候就不要乱翻杂志，全心全意地体验一下那份闲适；度假的时候就不要想着工作，全心全意地体验一下那份轻松喜悦。这样，你就会感到生活原来是这样简单明了。

最直接的往往最有效

擒贼要擒王，解决了细枝末节，并不能从根本上解决问题，必须找到让我们软弱、跌倒的最主要源头，才有新生的可能。以下两个故事告诉我们，有时候创新就来自我们最直接最简单的想法，不要忽略别人不经意的发现，这可能是你创新的源泉。

1. 户外电梯

多年前，有一家酒店打算增加一部电梯。于是酒店请来了建筑师和工程师研究如何增设新的电梯。专家们一致认为，最好的办法是每层楼打个大洞，直接安装新电梯。

方案定下来之后，两位专家坐在酒店前厅面谈工程计划。他们的谈话被一位正在扫地的清洁工无意中听到了。清洁工对他们说：“每层楼都打个大洞，肯定会尘土飞扬，弄得乱七八糟。”

工程师瞥了清洁工一眼说：“那是难免的。”

清洁工又说：“我看，动工时最好把酒店关闭些日子。”

工程师说：“那可不行，关闭一段时间，别人还以为酒店倒闭了。再说，那也影响收益呀。”

“我要是你们，”清洁工不经意地说，“就把电梯装在楼的外面，那样既有利于工程进度，又不影响酒店的效益。”

工程师和建筑师听了这话，相视片刻，不约而同地为清洁工的这一想法叫绝。于是，便有了近代建筑史上的伟大变革：把电梯装在楼外。

2. 先扔下谁

美国的某家报纸举办了一项有奖竞答活动，巨额奖金吸引了众多的应征者前来参加。

报纸所设的题目是：三位科学家共同乘一个热气球做环球探险，行到中途，因气球漏气、充气不足而即将坠毁，唯一可行的办法就是将三人中的某一个抛出去。他们之中的一位是环保专家，他的研究成果可以改善人类的生存环境，避免因环境污染而导致的厄运；一位是原子能专家，他的研究成果可以防止因全球性的核战争而给人类带来的灾难；另一位是植物学专家，他研究改良的植物品种能在盐碱地或不毛之地生长，能够解决粮食问题。

应答者众说不一，最终一个小男孩获得了这笔巨额的奖金。他的答案是：将最重的那一位科学家扔出去。

确实，最直接、简单的方法往往是最有效的方法。有很多伟大的创意都来自最简单的思考方式。例如，有一位主人走失了一个奴隶，四处询问没有结果，于是突发奇想写了张寻人启事，就此诞生了最古老的广告；1950 年，弗兰克 · 麦克纳马拉在餐厅用餐后，发觉身上没有足够的现金，遂产生了使用信用卡的念头，于是全人类的购物模式就此改变。

所以说，不要将简单的问题复杂化，单纯的思考方式往往比钻牛角尖更易获得成功。

别说自己压力大，你只是心太窄了

Chapter 9

你是如何把生活过成一条夹缝的?
困难那么大，多亏了你的畏惧心理
瓶子里的囚徒
把无奈带着上路，而不是跟它死磕
咖啡的启示
生活不会妥协，你要去适应它
不要总把负担背在身上
原则守不住？因为你不会妥协
野心是最猛的特效药

你是如何把生活过成一条夹缝的?

一个人拥有的想法和他选择的心态，在很大程度上决定了他的人生之路能走多宽。正所谓“心有多宽，路就有多宽”，拥有积极心态的人，能让平凡的小事变得富有情趣，能使沉重的工作学习变得轻松愉快，能让苦难的光阴多一些美好瞬间，能把难以成功的事变得容易可行。拥有消极心态的人，则总是把苦难写在脸上，把烦恼挂在嘴边，把忧愁放在心上。他们总是把所有的事物看得很悲观、很黑暗，遇事畏首畏尾、毫无自信。这样的人，就算机会自己送上门来，他们也把握不住，只会错失良机。

其实，人与人之间的差距就是那一点点心态上的差异——积极心态与消极心态的差异。但就是这小小的差异，却能带来天壤之别的结果。

爱德华·伊文斯出生在底特律一个贫苦的家庭，家里有七口人靠他吃饭。一开始他以卖报为生，然后在一家杂货店当店员。后来，他谋到一个当助理图书管理员的职位，虽然待遇很低，却不敢辞职。

直到8年后，爱德华才鼓起勇气开始他自己的事业。他用借来的55美元，干出了一番事业，一年能赚两万美元。

然而不久厄运降临了：那家存着爱德华全部财产的大银行垮了，他不但损失了所有的钱，还负债累累。爱德华承受不住这样的打击，吃不下，睡不着，开始生起奇怪的病来。没有别的原因，只是因为担忧。他甚至写好遗嘱，然后躺在床上等死。

渐渐地，爱德华意识到挣扎或是担忧都无济于事，只好放弃，也放松下来。他找到一份一周30美元的工作，去推销轮船上的挡板。到这时，他已经学会不再忧虑、把心放宽。他不再为以前发生的事情后悔，也不再为将来的事忧虑了。爱德华把所有的时间、精力和热情，都放在推销挡板上。他进步很快，几年时间，就成了伊文斯工业公司的董事长。格陵兰的伊文斯机场就是为了纪念他而命名的。

两种不同的心态，两个相反的结果。积极心态是人获得成功、健康、幸福、财富的源泉。一个人有了积极的心态，成功就变得容易了。而消极心态则能剥夺生活中最宝贵、最美好、最有价值、最有意义的东西，甚至能使人走上绝路。

既然一个人的心态如此重要，那改变心态难不难呢？改变心态说难也不难。任何事物都有两面性，就看你怎么去看待问题，怎么去选择。面对太阳，你眼前是一片光明；背对太阳，你看到的是自己的阴影。

有一位老太太，大儿子卖伞，小儿子晒盐。为这两个儿子，老太太差不多每天都是忧虑重重。遇上晴天，老太太就念叨：“这大晴天，伞可不好卖啊。”而遇到雨天，老太太又嘀咕：“这阴天下雨的，盐可咋晒？”

最终，老太太竟忧虑成疾。这可把两个儿子愁得不知如何是好。

弟兄两个幸而访得一位智者。智者对老太太说：“晴天好晒盐，您该为小儿子高兴；雨天好卖伞，您该为大儿子高兴。”老太太依计而行，果真无忧无虑起来。

凡事常有两面，是非，好歹，得失，总是我中有你，你中有我，何必非把一件事情想得那么糟？要知道，一个人的成功往往取决于他是否具有积极的心态。从现在起，试着放宽你的心，积极地对待周围已经发生和即将发生的事！心宽，路就宽；心窄，路的尽头只剩夹缝！

困难那么大，多亏了你的畏惧心理

有两支火把奉火神之命到世界各地去考察。这两支火把中有一支没有点燃，另一支是点燃的，发出很亮的光芒。

过了不久，两支火把回来提交考察报告。

第一支火把说，整个世界都陷在浓郁的黑暗中。它觉得眼前的世界处于一种很坏的情况，甚至已坏到了极点。

可是第二支火把的报告却刚好相反，它说它无论到哪里，总可以找到一点光明，所以在它看来这个世界是十分有希望的。

听了这不同的报告，火神对第一支火把说："也许你该好好地问一问自己，有多少黑暗是你自己造成的？"

是的，我们也该问问自己，有多少黑暗是我们自己造成的，有多少困难是我们自己想象的？我们是不是把问题和困难看得太严重了，以至于自己被自己吓到，自己被自己的心理束缚住了。

弗洛姆是美国著名的心理学家。一天，几个学生向他请教心态对一个人的影响。弗洛姆微微一笑，什么也不说，就把他们带到一间黑暗的房间里。

在他的引导下，学生们很快就穿过了这间伸手不见五指的神秘房间。接着，弗洛姆打开房间里的一盏灯。在这昏黄如烛的灯光下，学生们才看清楚房间的布置，不禁吓出了一身冷汗。

原来，这间房子的地面就是一个很深很大的水池。池子里蠕动着各种毒蛇，包括一条大蟒蛇和三条眼镜蛇，有好几条毒蛇正高高地昂着头，朝他们嗞嗞地吐着信子。水池上面有一座桥，刚才他们就是从这座桥上通过的。

弗洛姆看着他们，问："现在，你们还愿意再次走过这座桥吗？"大家你看看我，我看看你，都不作声。

弗洛姆笑了："我可以解答你们的疑问了。这座桥本来不难走，可是桥下的毒蛇对你们造成了心理威慑。于是，你们乱了方寸，慌了手脚，表现出各种程度的胆怯。其实水池里那些蛇的毒腺早已经被除掉了。"

生活中的许多事就是这样，很多困难只是存在于我们的想象之中。在面对各种挑战时，也许失败的原因不是因为势单力薄，不是因为智能低下，也不是因为没有把整个局势分析透彻，反而是因为我们自己把困难看得太严重，把事情考虑得太详尽，以至于被困难吓倒。

试想，如果你看到的都是黑暗和无望，那你怎能有足够的勇气去行动？没有勇气去行动，就算创意再妙、想法再好，也只是空想。所以，不要自己给自己制造黑暗，认准了目标就专心走好自己脚下的路，不要过多考虑路上的各种险恶。这样，我们才能顺利到达目的地。

瓶子里的囚徒

一只章鱼的体重可以达70磅。但是，如此庞大的家伙，身体却非常柔软，柔软到几乎可以将自己塞进任何想去的地方。

章鱼没有脊椎，这使它可以穿过一个银币大小的洞。它们最喜欢做的事情，就是将自己的身体塞进海螺壳里躲起来，等到鱼虾走近，就咬断它们的头部，注入毒液，使其麻痹而死，然后美餐一顿。对于海洋中的其他生物来说，章鱼可以称得上是最可怕的动物之一。

不过，人类却有办法制服章鱼。渔民根据章鱼那爱钻孔的天性，将小瓶子用绳子串在一起沉入海底。章鱼一见到小瓶子，都争先恐后地往里钻，不管瓶子多么小、多么窄。结果，这些在海洋里无往不胜的章鱼，成为瓶子里的囚徒，被渔民捕获，变成人类的美餐。

是什么囚禁了章鱼？是瓶子吗？不，瓶子放在海里，它不会走路，更不会主动去捕捉章鱼。囚禁章鱼的，是它们自己。它们向着最狭窄的路越走越远，不管那是一条多么黑暗的路。

你可能会觉得章鱼很傻，其实，我们中的许多人也像章鱼一样，自己将自己囚禁起来，在苦恼、烦闷、失意、诱惑的瓶子里越钻越深、越走越窄。既然是自己将自己囚禁，那也只有自己才能给自己松绑。

一个人被烦恼缠身，于是四处寻找解脱烦恼的秘诀。有一天，他来到一座山的山脚下，看见一片绿草丛中，一位牧童骑在牛背上，吹着悠扬的横笛，逍遥自在。他走上前去问道："你看起来很快活，能教给我摆脱烦恼的方法吗？"

牧童说："骑在牛背上，笛子一吹，什么烦恼也没有了。"

他试了试，不灵。于是，又继续寻找。

不久，他来到一个山洞里，看见一位老人独坐在洞中，面带满足的微笑。

他深深鞠了一个躬，向老人说明来意。

老人问道："这么说你是来寻求解脱的？"

他说："是的！恳请您不吝赐教。"

老人笑着问："有谁捆住你了吗？"

"没有。"

"既然没有人捆住你，那就是你自己捆住了你自己。自己打的结只有自己才能解开，别人是帮不上忙的。"

在生活中，很多时候都是我们自己将自己囚禁，自己将自己困住，自己认为自己不行、做不到、做不好，最终将人生之路越走越窄！那么现在，试着打开你的心胸，摆脱桎梏，你会发现其实大多数烦恼都是自找的，大多数困难并没有我们想象中的那么难，困住你的只是你自己而已！

把无奈带着上路，而不是跟它死磕

一个人在森林中游玩时，突然遇见一只饥饿的老虎。老虎大吼一声就扑了上来。他立刻用最大的力气和最快的速度逃开，但是老虎紧追不舍。他一直跑一直跑，最后被老虎逼到了断崖边上。

站在悬崖边上，他想："与其被老虎捉到，活活咬死，还不如跳入悬崖，说不定还有一线生机。"于是他纵身跳入悬崖。不过，他非常幸运地卡在一棵树上。那是一棵长在断崖边的梅树，树上结满了梅子。正在庆幸之时，这个人听到断崖深处传来巨大的吼声，往崖底望去，原来有一只凶猛的狮子正抬头看着他。狮子的声音使他心惊，但他转念一想："狮子与老虎是相同的猛兽，被哪个吃掉都是一样的。"

刚一放宽心，他又听见了一阵声音，仔细一看，是两只老鼠正用力地咬着梅树的树干。他先是一阵惊慌，立刻又坦然了，心想："被老鼠咬断树干跌死，总比被狮子咬死好。"

情绪平复下来后，他感到肚子有点饿，看到梅子长得正好，就采了一些吃起来。那梅子真好吃，他觉得从没吃过那么好吃的梅子。吃完梅子，他找了一个三角形的枝丫休息，心想："既然迟早都要死，不如在死前好好睡上一觉吧！”于是他就靠在树上沉沉地睡去了。

睡醒之后，他发现两只老鼠不见了，老虎、狮子也不见了。他顺着树枝，小心翼翼地攀上悬崖，终于脱离险境。原来就在他睡着的时候，饥饿的老虎按捺不住，终于大吼一声，跳下悬崖。

老鼠听到老虎的吼声，惊慌逃走了。跳下悬崖的老虎与崖下的狮子展开激烈的打斗，双双负伤逃走了。

悬崖上有老虎，下有狮子，中间树上还有老鼠，既然境遇已是如此，过多的担忧、惊慌、害怕也没有用，不如接受现实，安然地享受树上芬芳的果子，安心地睡觉，这样说不定反而能走出困境。

其实，从我们诞生那一刻开始，苦难就像饥饿的老虎一直追赶着我们；死亡就像一头凶猛的狮子一直在悬崖的尽头等待；白天和黑夜的交替就像两只老鼠，正不停地用力咬着我们暂时栖身的生活之树。总有一天，我们会落入狮子的口中。

可以说，我们从出生的那一刻起就一步步地走向死亡，每个人都知道自己终要死去，却没见哪个人天天担忧这个问题。因为大家都知道死亡是生命的一部分，是无法避免的。同样，在人生的道路上还有很多无法避免的处境，我们能做的也只有坦然接受，并用乐观的态度去面对。

在纽约市中心办公大楼里有一个开货梯的人。与别人不同的是，他的左手齐腕被砍断了。但是，他却像什么事情都没有发生过一样，依然每天面带微笑地迎接来来去去的人。

一天，有人问他："你的那只手没有了，你会不会觉得难过？"

他说："不会，我根本就不会想到它。只有在要穿针引线的时候，才会想起这件事情来。"

人世间有很多事情就是这样无奈。有些事情是你可以改变的，有些事情是你可以创造的，而有些事情却是你不可改变的。人不可避免地会在漫长的岁月中碰到这样一些不可改变、无法回避的事情。它们既是这样，就不可能是那样。遇到这种情况时，我们应该让自己坦然接受，并且适应，就像杨柳承接风雨、水接受一切容器一样。

"应用心理学之父"威廉·詹姆斯教授也曾经说过："要乐于承认事情就是这样的情况，因为接受既成事实是克服随之而来的任何不幸的第一步。"有许多人被愤怒和忧虑毁了自己的生活，就是因为他们拒绝接受不好的结果，拒绝接受既成事实。他们不愿为改变现状而重新构筑生活，不愿在不幸之中尽可能地挽回一些损失。

美国许多有名的商人都能接受那些不可避免的事实而过着无忧无虑的生活。如果他们不这么做的话，就会被巨大的压力压垮。

创立潘氏连锁商店的潘尼这样说："哪怕所有的钱都赔光了，我也不会忧虑，因为我看不出忧虑可以让我得到什么。我会全力以赴争取做好自己的工作，无论结果如何，我都欣然接受。"

对必然之事坦然地加以接受。因为即使我们对那些困难、不幸感到忧虑、难过，也不可能改变那些已经发生的不可避免的事实。在你坦然接受它们之后，说不定会有另一扇门为你打开，让你走出困境，就如同故事中身处老虎、狮子和老鼠这三重威胁下的那个人。

咖啡的启示

有一位姑娘，她的父亲是一位厨师。她常常向父亲抱怨世事艰难，不知如何应付生活。父亲于是把她带进厨房。父亲先往三口锅里倒入一些水，然后，把锅放在旺火上。

一会儿，水开了。父亲往三口锅里分别放入了胡萝卜、鸡蛋以及咖啡粉。女儿有些好奇，不明白父亲要做什么。20分钟后，父亲关了火，把胡萝卜捞出来，放入一个碗内，把鸡蛋捞出来，放入另一个碗内，然后把咖啡倒在一个杯子里。

父亲转头问女儿："孩子，你看见了什么？""胡萝卜、鸡蛋、咖啡。"她说。父亲让她靠近一些，摸摸胡萝卜；又让她拿起那个煮熟的鸡蛋，打破它，剥掉壳；最后，父亲让她喝了一口咖啡。尝到鲜浓的咖啡，女儿笑了，小声说："父亲，这意味着什么？"

父亲说："三样东西面临同样的逆境——煮沸的开水，但其反应各不相同。胡萝卜入锅前是强壮的，结果放进开水里就变软了；鸡蛋原来是靠薄薄的外壳保护着蛋清和蛋黄，开水一煮，蛋清和蛋黄'自成一体'了；咖啡粉却很独特，进入沸水，它倒改变了水。”

在人生的道路上，尤其在面对艰难和逆境的时候，我们可以想想这个故事中的胡萝卜、鸡蛋和咖啡粉——你改变不了环境，但可以改变自己；你改变不了现实，但可以改变态度；你改变不了过去，但可以改变现在；你不能预知明天，但可以把握今天；你不能控制他人，但可以把握自己；你不能样样顺利，但可以事事尽心；你不能延伸生命的长度，但可以决定生命的宽度；你不能左右天气，但可以改变心情；你不能选择容貌，但可以展现笑容。

是的，你改变不了现实，但可以改变态度，就像屠先生那样。屠先生是常州著名的资本家，那年他被下放在苏皖边境的一个山野小村。那里茅屋简陋，人烟稀少，土黄水黄草黄，人的脸色也黄，连路也没有 5 米是直的，委屈自然不少。

有位朋友去看望他，说：“你我是同乡，有什么不爽快，今日只管发泄出来。”他笑：“你以为我在这里受罪？爽快着呢。养鸡、种菜、割草、喂牛，样样新鲜，人也特别善良。”

朋友猜度他可能有思想顾虑，接着问：“难道你不恋城里生活？”“城市？以前上泰山上黄山起五更爬大山为一睹日出，经常不是阴就是雨，扫兴而归。现在我哪天早点起身，都能见到日出，少说也有 100 种日出看在眼里了。以前一天到晚疲惫不堪，拖着两腿到公园去寻口新鲜空气，现在一出门就神清气爽，随时可以俯下身、闭上眼，深深地吸上一口。过去上街买点菜，看上去水灵灵的，其实至少隔了一天，有的还浸了一夜水，让你怎么烧也出不来鲜味。现在，1 分钟前还在地里，10 分钟后就到嘴里了。”

当然，下雨一身泥，屋里一团黑，离了电视，别了电灯，他全没有说，也没有想。他的心情之所以这样好，是因为他从来不让坏的情绪占据心房。朋友问他：“你为什么这么开心？”他反问：“我为什么不这么开心？”

是啊，为什么我们不能换个角度看呢？要知道，“人有悲欢离合，月有阴晴圆缺”，再顺当的人生也有残缺。生活不会自己变得轻或重，灾难也不会因为你的祈祷或诅咒转弯改道，人生总有几段黑暗的峡谷要我们独自穿行。但是，你完全有办法改变你的心情、你的感受。只要你把视角稍微转换一下，人生仍旧会是一片海阔天空。也只有那些会给自己制造好心情的人，才有可能从容地走向光明。

生活不会妥协，你要去适应它

有一个人在社会上总是落魄不得意，于是有人建议他去找智者。

他找到智者，诉说了自己的烦恼。智者沉思良久，默然舀起一瓢水，问："这水是什么形状？"这人摇头："水哪有什么形状？"智者不答，只是把水倒入杯子，这人恍然大悟："我知道了，水的形状像杯子。"

智者没有回答，又把杯子中的水倒入旁边的花瓶，这人又说："我又知道了，水的形状像花瓶。"智者摇头，轻轻提起花瓶，把水轻轻倒入一个盛满沙土的盆。清清的水便一下渗入沙土，不见了。

这人陷入了沉思。

智者俯身抓起一把沙土，叹道："看，水就这么消失了，这也是一生！"

这个人把智者的话咀嚼良久，高兴地说："我知道了，您是通过水告诉我，人应该像水一样，盛进什么容器就是什么形状。而且，人还极可能在一个规则的容器中消失，就像这水一样。而且一切无法改变！”这人说完，紧盯着智者的眼睛，急于得到智者的肯定。

“是这样。”智者捻须，转而又说，“又不是这样！”说完，智者出门，这人随后。在屋檐下，智者蹲下身，手在青石板的台阶上摸了一会儿，然后顿住。这人把手指伸向刚才智者手指所触之地，感到有一个凹处。他迷惑，不知道这本来平整的石阶上的小窝藏着什么玄机。

智者说：“一到雨天，雨水就会从屋檐落下。看，这个凹处就是水滴长期打击造成的。”

此人遂大悟：“我明白了，人可能被装入规则的容器，但又像这小小的水滴，改变着坚硬的青石板，直到破坏容器。”

智者说：“对，这个窝会变成一个洞！”

这个人答：“那么，我找到答案了！”

智者不语，用微笑和沉默与这个人对话。这人离开了智者，重新回到社会，用行动与智者对话。这世间又多了一个充满活力的人。

我们每个人之于社会，犹似水之于容器。生活是不公平的，你要去适应它，要像水适应容器一样适应社会，盛进什么容器就是什么形状，同时还要具备滴水穿石的恒心与毅力。只有这样，你才能将命运掌握在自己手中，走出宽阔的人生路。

不要总把负担背在身上

有个人觉得生活很沉重，便去见哲人柏拉图，以寻求解脱之道。柏拉图没有说什么，只是给他一个篓子让他背在肩上，指着一条沙石路说："你每走一步就捡一块石头放进去，看看有什么感觉。"那人开始遵照柏拉图所说的去做，柏拉图则快步走到路的另一头。

过了一会儿，那人走到了小路的尽头，柏拉图问他有什么感觉。那人说："感觉越来越沉重。"

"这就是你为什么感觉生活越来越沉重的原因。"柏拉图说，"每个人来到这个世界上的时候，都背着一个空篓子，在人生的路上每走一步，就从这个世界上捡一样东西放进去，所以就会有越走越累的感觉。"

很多人就像故事中那个一路捡石头的人，总是将过去的负担背在背上，放在心里，不肯卸下，桑德斯就是这样。他经常为很多事情发愁：为自己犯过的错误自怨自艾；为已经交上的试卷担忧；为自己说过的话后悔，后悔当初没有把话说得更好……

人生在世不要总是把过去的负担背在身上，背负太多，最后只会压弯你的腰，疲惫你的身心，拖累你前行的脚步，挡住你人生的出路。人生之路短短几十年，虽不算太长，可这一路上形形色色的包袱太多，压力不少。假如我们把这些负担、压力比作一杯水的话，你认为自己能坚持拿多久？

拿一分钟，谁都能；拿一个小时，可能会觉得手酸；拿一天，可能就得进医院了。其实这杯水的重量不是关键，关键在于时间。再轻的一杯水，拿的时间久了，也会觉得很沉重。这就像我们承担的压力一样，如果我们一直把压力放在身上，到最后肯定会觉得越来越重甚至无法承担。

所以，我们要学会割舍、学会放弃、学会适时放下压力休整一番，然后再重新拿起压力那杯水，这样才能承担得更久。

对于以往犯下的过错一直耿耿于怀是完全没必要的。是的，犯错是我们的不对，可是谁没有犯过错呢？我们只要从中吸取教训，避免下次再犯同样的错误就好了。这种压力，我们要学会割舍、学会放弃，将它们从我们的压力包袱中清除掉。对于必须承担的压力，我们也要学会适时将其放下，好好休息一下。

记住，过去的已经过去，我们能把握的只有现在。只有卸下以往的包袱，才不会被过重的包袱压弯了腰，找不到人生的出路。轻装上阵，才能更好地前进。

原则守不住？因为你不会妥协

每个人都有自己的原则，都有自己坚持的东西，可是，生活有时会逼迫我们向它妥协。这个时候，你是怎么做的呢？强硬拒绝、坚持自己的意见还是聪明地妥协、找到二者的平衡点呢？

米开朗琪罗的大卫雕像是举世无双的艺术杰作。但在这件雕像完成之初，曾有主管官员因不满意它的鼻子而向米开朗琪罗提出了更为“高明”的修改要求。

在面对坚持还是妥协时，你认为雕刻大师会怎么做呢？让我们来看看这个有趣的故事。

经过反复的推敲和精心的雕琢，米开朗琪罗终于完成了大卫像的雕刻。对作品上下左右审视了一番后，他觉得非常满意。正在这时，主管这件事的官员过来了。

那位官员看来看去，似乎觉得不太满意。米开朗琪罗问：“有什么地方不对吗？”“嗯，就是鼻子太大了！”那位官员说。

“是吗？”米开朗琪罗站到官员的身边，在雕像前面看了看，恍然大悟般大叫了一声，“可不是吗！鼻子大了一点！没关系！

我马上改！等一会儿绝对让您满意！”说着他就拿起工具爬上架子，叮叮当当地凿起来。

随着雕刻刀的不断雕琢，掉下许多大理石粉。那位官员不得不躲开。过了好一会儿，米开朗琪罗终于修改好了。这一次，他请那位官员到架子上检查：“您看，现在可以了吧！”

官员爬上架子看了看，高兴地说：“是啊！现在好极了！这样改才对啊！”

送走那位主管官员后，站在一旁看到这一切的朋友问他：“我觉得你雕刻得很好啊！为什么他一说不好，你就马上修整？”

米开朗琪罗回答道：“我只是偷偷抓了一小块大理石和一把石粉，到上面做做样子而已，根本没有改动原来的雕刻。那位官员觉得雕像有问题，是因为刚开始时他是从下面仰视雕像的。”这就是大师的高明之处。

实际上，妥协并不意味着放弃原则、一味地让步。在妥协与坚持之间还有第三条路可走，那就是明智地妥协，找到二者的平衡点。

任何东西“至刚则易摧”，只有“刚柔并济”才能无往而不利，正如剑在千锤百炼中通晓屈伸后才能削铁如泥。讲原则的人虽然让人生敬，但也可能让人生畏，而那些既坚持自己的原则，又懂得妥协的人才可敬又可亲。

所以，做人不能太死板、太生硬、太严肃，否则你的人生之路会越走越窄。

野心是最猛的特效药

巴拉昂是一位年轻的媒体大亨，以推销装饰肖像画起家，在不到十年的时间里，迅速跻身法国五十大富翁之列。1998 年，巴拉昂因前列腺癌在法国博比尼医院去世。临终时，他留下遗嘱，把他 4.6 亿法郎的股份捐献给博比尼医院，用于前列腺癌的研究；另有 100 万法郎作为奖金，奖给揭开贫穷之谜的人。

巴拉昂去世后，法国《科西嘉人报》刊登了他的遗嘱。他说：

我曾是一位穷人，却是以一个富人的身份走进天堂的。在跨入天堂的门槛之前，我不想把我成为富人的秘诀带走，现在秘诀就锁在我在法兰西银行的私人保险箱内，保险箱的三把钥匙在我的律师和两位代理人手中。谁若能通过回答“穷人最缺少的是什么”而猜中我的秘诀，将得到我的祝贺。当然，那时我已无法从墓穴中伸出双手为他的睿智鼓掌，但是他可以从那只保险箱里幸运地拿走 100 万法郎，那就是我给予他的掌声。

遗嘱刊出之后，《科西嘉人报》收到大量的信件。有人骂巴拉昂疯了，有人说《科西嘉人报》为提升发行量炒作，但是多数人还是寄来了自己的答案。

绝大部分人认为，穷人最缺少的是金钱。穷人还能缺少什么？当然是钱了，有了钱，就不再是穷人了。

还有一部分人认为，穷人最缺少的是机会。有些人之所以穷，就是因为没遇到好时机：股票疯涨前没有买进，股票疯涨后没有抛出。总之，穷人都穷在背运上。

另 部分人认为，穷人最缺少的是技能，现在能迅速致富的都是有一技之长的人。有些人之所以成了穷人，就是因为学无所长。

还有人认为，穷人最缺少的是帮助和关爱。每个党派在上台前，都给失业者大量的许诺，然而上台后真正关爱他们的又有几个？

另外还有一些其他的答案，比如：穷人最缺少的是漂亮，是皮尔·卡丹外套，是《科西嘉人报》，是总统的职位，是沙托鲁城生产的铜夜壶等等。总之，五花八门，应有尽有。

巴拉昂逝世周年纪念日，律师和代理人按巴拉昂生前的交代，在公证部门的监督下，打开了那只保险箱。在 48561 封来信中，有一位叫蒂勒的小姑娘猜对了巴拉昂的秘诀。蒂勒和巴拉昂都认为穷人最缺少的是野心，即成为富人的野心。

在颁奖之日，《科西嘉人报》负责人问年仅 9 岁的蒂勒，为什么想到的是野心，而不是其他的。蒂勒说：“每次，我姐姐把她 11 岁的男朋友带回家时，总是警告我说不要有野心。我想，也许野心可以让人得到自己想得到的东西。”

巴拉昂的谜底和蒂勒的回答见报后，引起不小的震动，这种震动甚至超出法国，波及英美。

前不久，一些好莱坞的新贵和其他行业的年轻富翁就此话题接受电台的采访时，都毫不掩饰地承认：野心是永恒的特效药，是所有奇迹的萌发点。有些人之所以贫穷，就是因为他们有一种无可救药的弱点，即缺乏野心。要想成功，仅仅抱有幻想是不够的，最重要的是要有强烈的欲望。